개구리, 도롱뇽 그리고 뱀 일기

개구리 도롱뇽 그리고 뱀 일기

초판 1쇄 발행일 2017년 8월 11일
초판 3쇄 발행일 2019년 5월 28일

지은이 문광연
펴낸이 이원중

펴낸곳 지성사 **출판등록일** 1993년 12월 9일 **등록번호** 제10-916호
주소 (03458) 서울시 은평구 진흥로 68 정안빌딩 2층 북측(녹번동 162-34)
전화 (02) 335-5494 **팩스** (02) 335-5496
홈페이지 www.jisungsa.co.kr **이메일** jisungsa@hanmail.net

ISBN 978-89-7889-336-7 (03490)

이 도서의 국립중앙도서관 출판예정도서목록(CIP)은 서지정보유통지원시스템 홈페이지
(http://seoji.nl.go.kr)와 국가자료공동목록시스템(http://www.nl.go.kr/kolisnet)에서
이용하실 수 있습니다. (CIP제어번호: CIP2017018387)

개구리 도롱뇽 그리고 뱀 일기

글과 사진 **문광연**

지성사

초등학교 시절, 나는 가방을 메고 매일같이 4킬로미터쯤 되는 거리를 걸어 다녔습니다. 봄, 여름, 가을, 겨울, 항상 같은 길이었지만 마주치는 모습들은 그때마다 달랐습니다. 봄에는 논두렁과 밭에 냉이며 온갖 이름 모를 풀들이 올라왔고, 모내기 철에는 소로 논을 갈고 못자리를 하는 풍경을 볼 수 있었습니다. 그러면 어디서 왔는지 모를 개구리들이 어김없이 몰려와 울고 알을 낳았습니다. 모내기가 끝나고 벼가 조금씩 자라기 시작하면 개구리들은 물속으로 "풍덩", "풍덩" 뛰어들기에 바빴습니다. 주로 참개구리와 청개구리가 많았고, 그때쯤에는 무자치와 유혈목이 또한 여럿 볼 수 있었습니다.

중학교 과학책과 고등학교 생물책에는 벼-메뚜기-개구리-매에 관한 내용이 어김없이 나와 있었습니다. 내가 보고 들으며 자랐던 생태계의 순환이 책 속에 고스란히 담겨 있었습니다. 생물 시간이 가장 즐거웠던 나는 자연스레 사범대학 생물교육과에 진학했습니다. 대학에서도 생태학과 동식물에 관한 수업은 전혀 지루하지 않았습니다.

대학을 졸업하고 나서는 대전의 중일고등학교에서 생물을 가르치게 되었습니다. 하지만 나는 여기서 그치지 않고 더 공부를 하고 싶었습니다. 결국 1992년, 한국교원대학교 대학원에 진학하여 '동물행동학'이라는 독특한 학문을 연구하시는 박시룡 교수님을 만났습니다. 교수님의 실험실에서는 주로 조류, 양서류의 행동과 생태에 관한 연구가 이루어지고 있었습니다.

나는 어릴 적부터 많이 접해왔던 양서류를 꼭 한번 공부해보고 싶었고, 마침내 나와 개구리, 뱀과의 만남이 본격적으로 시작되었습니다. 「한국산 참개구리의 음성학적 행동과 Mating call」이라는 논문을 쓰게 되었는데, 그 당시만 해도 내가 근무하던 중일고등학교는 주변이 모두 논과 산으로 둘러싸여 있어 연구하기에 너무도 좋은 환경이었습니다. 수업이 끝나면 채집 망과 녹음기, 수조를 들고 주변의 논으로 가서 개구리 울음소리를 녹음하고 사진을 찍었습니다.

이후로는 학생들과 매년 새로운 주제를 정하여 개구리를 탐구했습니다. 맹꽁이와 도롱뇽, 이끼도롱뇽을 연구하고 탐구했던 일, 산개구리류를 구별하기 위해 조사했던 일, 두꺼비를 관찰했던 일 등이 특히 기억에 남습니다. 하지만 역시 가장 기뻤던 순간은 수원청개구리 사진을 처음 찍었을 때와 이끼도롱뇽 알을 처음 발견했을 때가 아닌가 합니다.

수업 중에 가끔 맹꽁이 이야기를 해주고 나면 학생들은 나를 볼 때마다 "맹", "꽁" 하면서 거수경례를 하고 지나가곤 합니다. 그러면 나도 똑같이 "맹", "꽁" 하고 답을 해주는데 그때마다 항상 즐겁습니다. 많은 학생들이 개구리를 좋아해준 덕분에 늘 재밌게 활동할 수 있었습니다.

지난 20여 년 동안 줄곧 개구리와 뱀을 보아왔습니다. 주말마다 논으로, 강으로, 산으로 다니다 보니 가족들에게 제일 먼저 미안한 마음이 듭니다. 많은 분들이 도와주셨기에 여기까지 올 수 있었습니다. 거칠고 투박한 원고와 잘 찍지도 못한 사진으로 책을 만들어주신 지성사 이원중 대표님께 먼저 감사드립니다. 양서·파충류 연구의 불모지인 우리나라에서 꾸준히 노력해오신 박대식 교수님과 민미숙, 김종범, 송재영, 서재화, 장민호 박사님께도 감사 인사를 드립니다. 또한 저와 함께 교직에서 많은 연구를 하고 계시는 고영민, 김현태 선생님, 치밀한 관찰력으로 항상 좋은 성과를 보여주시는 이정현, 라남용 박사님, 식물의 이름을 정리해주신 김현숙 박사님, 그리고 손상호 선생님, 청주의 '두꺼비 친구들'에게도 고마움을 전합니다. 개체 수가 너무 적어 보기 어려운 북도마뱀, 실뱀, 대륙유혈목이, 비바리뱀의 사진을 보내주신 이상철 박사님과 바쁜 가운데서도 제가 학생들과 탐구할 수 있도록 도와준 중일고등학교 교직원 및 학생들에게도 이 자리를 빌려 감사하다는 말을 전하고 싶습니다.

이 책은 우리 땅에 살지만 여태껏 너무도 하찮게 여겨왔던 개구리와 뱀의 이야기입니다. 이 책을 통해 여러 학생들과 생태해설가 분들, 그 외 다양한 분들이 개구리와 뱀은 생태계의 중요한 구성 요소이며, 보기 징그럽다고 해서 결코 나쁜 동물이 아니라는 사실을 조금이나마 알게 되었으면 좋겠습니다.

마지막으로 지금까지 아무 말 없이 나를 지지해준 아내와 아들 학현, 그리고 딸 혜진에게도 고마운 마음을 전합니다. 54세의 이른 나이에 돌아가신 어머니의 영전에 이 한 편의 작은 책을 바칩니다.

문광연

개구리

도롱뇽

뱀

개구리

대전의 안산산성에서
북방산개구리를 만나다

산에는 봄눈이 쌓여 있고 개울과 논의 가장자리는 아직도 얼음이 채 녹지 않은 2월 말, 한적한 시골길을 걷고 있노라니 어디선가 "호루루룽 호루루룽" 하는 소리가 들립니다. 발길을 멈추고 숨죽여 귀를 기울여 보니 수십 마리의 개구리들이 모여 우는 소리입니다. 우리나라 개구리 가운데 가장 먼저 겨울잠에서 깨어나 짝짓기를 하는 북방산개구리들이 바로 이 소리의 주인공입니다.

산개구리류에는 북방산개구리, 계곡산개구리, 한국산개구리가 있습니다. 이 세 종은 모두 논과 계곡 주변의 산에서 살고 있으며, 우는 소리와 생김새가 다 다릅니다. 산에서 살기에 '산개구리'라는 이름이 붙었지만 짝짓기를 하거나 알을 낳을 때가 되면 모두 물이 있는 곳으로 내려옵니다. 북방산개구리와 한국산개구리는 주로 산 밑의 물이 고인 논에서 알을 낳고, 계곡산개구리는 계곡의 물 흐름이 약한 곳에서 알을 낳습니다. 알을 낳은 개구리는 그곳에 머무르지 않고 다시 주변의 산으로 이동하여 생활합니다.

북방산개구리는 이른 봄의 논이나 산기슭의 물웅덩이 근처에서 떼를 지어 가장 큰 소리로 웁니다. 녀석은 산에서 살다가 찬바람이 불고 기온이 내려가면 겨울잠을 자기 위해 낮은 지대로 이동합니다. 그리고 논 주변의 물웅덩이나 계곡의 물 흐름이 약한 곳에서 나뭇잎 또는 돌 밑으로 들어가 겨울잠을 잡니다.

북방산개구리의 등은 어두운 갈색이라 낙엽 근처나 논에 있으면 잘 보이지 않습니다. 암수 모두 눈 뒤에 검은 반점이 있고, 고막이 겉으로 드러나 있습니다.

북방산개구리 수컷은 고막 밑에 울음주머니가 두 개 있어 공기를 넣고 빼면서 크게 웁니다. 녀석의 울음소리는 멀리서도 잘 들립니다. 수컷 한 마리가 먼저 울면 다른 녀석들도 같이 따라 웁니다.

수컷은 움직이는 암컷을 보면 재빨리 이동하여 짝짓기를 시도하며, 생식혹이 발달하여 암컷의 겨드랑이를 껴안고 짝짓기를 잘합니다. 가끔 수컷끼리도 짝짓기를 하는데 상대방이 수컷이라는 것을 알면 바로 짝짓기를 멈춥니다.

짝짓기를 한 상태로 암컷이 알을 낳으면 수컷은 곧바로 정자를 방출하여 수정을 합니다. 알을 낳고 정자를 방출하면 짝짓기를 풀고, 각자 산으로 이동하여 생활합니다. 암컷은 알을 낳은 후 지쳐서 몇 분 동안 물속에 가만히 있기도 합니다. 알은 적게는 500개, 많게는 2000개 이상 낳습니다.

북방산개구리 알은 우무질에 싸여 있고 점성이 있어 서로 뭉쳐 있습니다. 이 알은 약 두 달 후에 올챙이가 되며, 얼마 후 작은 개구리가 되어 산으로 이동합니다. 북방산개구리는 비교적 개체 수가 많아서 쉽게 관찰할 수 있습니다.

산개구리류의 올챙이들은 서로 비슷하게 생겨서 자세히 봐야 구별이 가능합니다. 먼저 북방산개구리 올챙이는 몸통이 타원형이고, 꼬리는

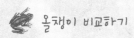
올챙이 비교하기

북방산개구리 올챙이

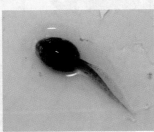
한국산개구리 올챙이

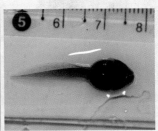
계곡산개구리 올챙이

몸통보다 두 배쯤 길며 꼬리에 검은 반점이 많이 있습니다. 위에서 보면 눈과 코는 머리의 안쪽에 있고, 입으로 들어간 물이 나오는 기문(숨구멍)은 왼쪽에 있습니다.

계곡산개구리 올챙이는 몸통이 달걀형입니다. 북방산개구리와 마찬가지로 꼬리가 몸통보다 길며, 위에서 보면 눈은 머리의 안쪽에 있고, 물이 나오는 기문도 왼쪽에 있습니다. 하지만 북방산개구리보다 검은 반점이 많지 않습니다. 한국산개구리 올챙이는 몸통이 타원형이고, 눈과 코는 머리의 안쪽에 있으며, 꼬리에 검은 반점이 있습니다. 기문은 두 개구리들과 달리 오른쪽에 있습니다.

그런데 요즘 북방산개구리가 몸에 좋다는 소문이 나면서 겨울잠을 자는 녀석을 잡아 보신용으로 먹는 사람들이 있다고 합니다. 걱정이 이만저만이 아닙니다. 예부터 산개구리들은 경칩이 되면 동네의 산이나 계곡에서 봄을 알려주는 전령사였으며, 개구리의 대명사로도 불렸습니다. 이런 산개구리들이 우리 주변에 계속 머물면서 정겨운 소리를 들려주었으면 좋겠습니다.

● 북방산개구리의 서식지

북방산개구리가 봄과 여름에 살아가는 곳입니다.

짝짓기를 하고 알을 낳는 곳입니다.

알을 낳는 동안 서식하는 곳입니다.

● 북방산개구리의 생태

겨울잠을 자는 북방산개구리

개구리는 모두 체외수정이지만
수정이 잘 되라고 짝짓기를 합니다.

북방산개구리 알은 처음에는 크기가 작고 뭉쳐
있어 물에 가라앉지만 시간이 지날수록 물을
머금어 커져 수면으로 떠올라 얇게 퍼집니다.

1 2
3 4
5 6 북방산개구리 올챙이의 발생 과정

수컷은 등의 색깔이 주변 환경에 따라 변하기도 합니다.
앞다리에는 생식혹이 있어 암컷과 구별이 잘 되며, 배는 흰색입니다.

암컷은 알을 가지고 있어 배가 부르며, 수컷보다 큽니다.
배는 붉은색과 노란색을 띱니다.

수컷의 울음주머니

수컷의 생식혹

부산 기장에서
한국산개구리를 만나다

지난날 '아무르산개구리'라 불리던 개구리
가 바로 지금의 한국산개구리입니다. 한국산개구리는 해마다 눈이 녹
기 전인 2월 말에서 3월 초에 논과 산이 맞닿는 물 고인 곳에서 겨울잠
에서 깨어나 함께 모여 웁니다. 그리고 짝짓기를 하며 알을 낳습니다.
이 녀석은 물이 흐르는 계곡보다 물이 고여 있는 논을 무척 좋아합니다.

2011년 3월 6일, 개구리의 소리를 탐구하는 학생들과 함께 탐사에 나
섰습니다. 한국산개구리는 산개구리류 중에서 가장 크기가 작고, 여느
개구리들과 달리 윗입술에 흰색 줄이 있습니다. 또한 울음소리도 작아
서 쉽게 구별할 수 있습니다. 수컷은 울음주머니가 없어 위턱과 아래턱
을 부딪치면서 "딱딱딱딱 딱딱딱딱" 하고 웁니다.

한국산개구리와 북방산개구리는 우리나라에서 가장 일찍 겨울잠에서 깨어납니다. 그리고 겨울잠에서 깨어나 가장 먼저 할 일은 짝짓기를 하고 알을 낳는 것입니다. 수컷의 울음소리를 듣고 암컷이 접근하면 짝짓기가 이루어집니다.

한국산개구리 수컷은 앞다리에 있는 생식혹으로 암컷의 겨드랑이를 꽉 잡고 짝짓기를 하며, 산란이 잘 되도록 암컷을 자극합니다. 산란할 때가 되면 암컷은 두 다리를 쭉 뻗으면서 알을 방출합니다. 이때 수컷도 정자를 방출하여 수정이 이루어집니다.

알을 낳으면 바로 짝짓기가 풀리고, 수컷은 다른 곳으로 이동합니다. 암컷은 힘이 빠져 한동안 그곳에 머무르다가 이동합니다. 알을 낳은 암컷은 배가 홀쭉해집니다. 암컷 개구리들은 보통 1년에 한 번 짝짓기를 하고 알을 낳습니다.

한국산개구리 알은 서로 뭉친 상태로 시간이 흐르면 물속에 가라앉는데, 이 덩어리 형태의 알은 다시 서서히 물 위로 떠오르다가 발생이 진행되면 풀어집니다. 2~3개월 뒤에 알은 올챙이가 되고, 이후 작은 개구리가 되어 산으로 이동합니다.

2011년 3월 27일, 부산광역시 기장군 고리에 가게 되었습니다. 마침 여동생이 부산에 살고 있어서 며칠 전에 미리 연락을 해두었습니다. 고리에 가면 고리도롱뇽도 볼 수 있지만 한국산개구리도 많이 볼 수 있습니다. 이 무렵, 나는 북방산개구리 알과 한국산개구리 알을 구별하는 데 한참 고민하고 있었습니다. 이 두 개구리는 알을 낳는 시기가 같고, 알을 낳는 장소와 알의 모양도 비슷하여 좀처럼 구별하기가 어렵습니다. 그러던 중 고리에서 두 개구리 알을 함께 관찰할 수 있는 기회를 갖게 되었습니다.

부산에서 여동생을 만나 기장으로 향했습니다. 부산역, 해운대, 송정을 지나 기장의 원자력발전소에 도착했습니다. 그 앞에 차를 세운 뒤 동생은 근처에서 냉이며 각종 산나물을 뜯기로 하고, 나는 한국산개구리를 탐사하러 산 밑으로 출발했습니다.

산 정상 아래는 작은 물웅덩이가 있어서 주변에 살고 있는 개구리와 도롱뇽들이 알을 낳기에 좋은 곳이었습니다. 그곳에는 정말 많은 알이 있었고, 덕분에 북방산개구리와 한국산개구리 알을 동시에 관찰할 수 있었습니다. 북방산개구리 알은 크기가 15~20센티미터이며, 알의 수도 800~2000여 개로 더 많고, 덩어리도 더 큰 데 비해 한국산개구리 알은 크기가 6~10센티미터로 작고, 점성이 높아 포도송이처럼 탱글탱글하며, 알의 수도 400~800여 개로 더 적었습니다. 그렇게 북방산개구리 알과 한국산개구리 알에 대한 고민을 해결할 수 있었습니다.

사진을 찍다가 시계를 보니 두 시간쯤 지나 있었습니다. 고민이 해결

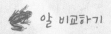
알 비교하기

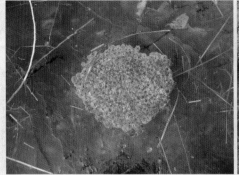
북방산개구리 알

한국산개구리 알

되어 가벼운 마음으로 주차장에 내려오니 아직도 동생은 나물을 뜯고 있었습니다.

2012년 3월 1일은 대전광역시 동구 천개동에 있었습니다. 이곳에서 많은 개구리가 운다는 제보를 받고 한번 가보기로 했습니다. 현장에 도착하니 물 고인 논에서 북방산개구리와 한국산개구리가 크게 울면서 짝짓기를 하고 알을 낳고 있었습니다. 북방산개구리의 소리가 너무 커서 한국산개구리의 소리는 들리지도 않았습니다. 그러나 용케도 동족의 소리는 알아듣는지 한국산개구리들도 짝짓기를 하고 있었습니다.

본능인가 봅니다.

2011년과 2012년은 한국산개구리의 관찰을 많이 한 해였습니다. 몰랐던 사실을 하나씩 알아가니 신기하기도 하고 더 알고 싶은 욕심도 생겼습니다. 나 혼자 관찰할 때도 좋지만 학생들과 함께하면 더욱더 재미있습니다. 해마다 학생들과 함께하고 싶습니다. 올해는 어떤 학생들이 들어올까, 기대가 앞섭니다.

● 한국산개구리의 서식지

한국산개구리의 산란지입니다. 산속의 물웅덩이도 녀석이 좋아하는 곳입니다.

녀석은 알을 낳은 후 그곳에서 살아가기도 하지만, 보통 근처 야산으로 이동하여 생활합니다.

● 한국산개구리의 생태

겨울잠을 자는 한국산개구리

한국산개구리의 짝짓기

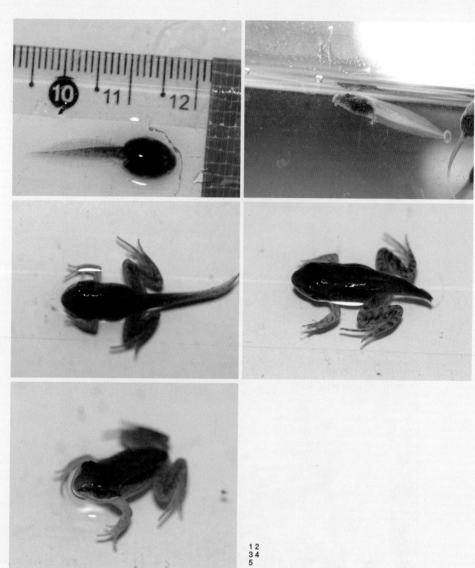

1 2
3 4
5

한국산개구리 올챙이의 발생 과정

수컷은 등이 누런빛을 띤 갈색이며, 배는 흰색입니다.

수컷의 앞다리에 생식혹이 발달해 있습니다.

암컷은 수컷보다 조금 큽니다.

짝짓기 철에 암컷의 배가 붉어집니다.

알을 낳고 힘이 빠진 암컷

장태산의 메타세쿼이아와
함께한 계곡산개구리

계곡산개구리라는 녀석이 있습니다. 이 녀석은 계곡의 물속에서 겨울잠을 자고, 평소에도 계곡이나 개울 주변에서만 생활해 관찰하기가 어렵습니다. 계곡산개구리는 북방산개구리나 한국산개구리와 달리 고도가 높은 상류의 계곡 중에서도 물의 흐름이 약하고 낙엽 또는 돌이 많은 곳의 물속에서 겨울잠을 잡니다.

수컷의 배는 노란 바탕에 검은 무늬가 많아 다른 개구리들과 구별이 쉽습니다. 또한 계곡산개구리는 뒷다리에 물갈퀴가 발달하여 헤엄을 잘 칩니다.

녀석은 겨울잠에서 깨어나면 멀리 이동하지 않고 그 주변의 물이 고여 있는 곳에 알을 낳습니다. 알은 다른 개구리들 알보다 탱글탱글하며 낙엽이나 돌, 나뭇가지 등에 붙여둡니다. 이는 계곡물이나 포식자로부터 알을 지키기 위함입니다.

차가운 바람이 매섭게 불던 2008년 11월 넷째 주 토요일이었습니다. 모처럼 바쁜 일상에서 벗어나 장태산에 가기로 했습니다. 대전 근교에 있는 장태산은 우리 집에서 차로 40분 거리에 있습니다. 마음이 울적할 때나 나무와 풀이 보고 싶을 때 내가 즐겨 찾는 곳입니다.

쉬는 날이라 그런지 차가 많지 않았습니다. 온천의 고장 유성을 지나 월평공원이 보이는 곳에 다다르니 자연과 인공의 양면적인 모습이 뚜렷이 드러납니다. 갑천을 사이에 두고 왼쪽은 생태가 잘 보존된 자연 하천과 도솔산이 보이고, 오른쪽은 산과 논을 다 밀어내고 아파트를 신축하는 현장이 보입니다. 덤프트럭과 불도저가 먼지를 풀풀 날리며 요란스레 다니고 있습니다.

대전시 서구의 가수원을 지나니 이윽고 산과 논밭이 나옵니다. 한쪽은 호남선 열차가, 한쪽은 국도에서 차가 달리고 있습니다. 그렇게 한참을 달리면 기성동의 흑석리라는 곳이 나옵니다. 흑석리는 물이 좋아 여름에 멱을 감고 천렵을 즐기기에 딱 알맞은 동네입니다. 길 양쪽의 양지바른 곳에는 어김없이 사람들이 사는 집이 보입니다.

'언제부터 이런 곳에까지 사람이 살았을까? 신석기, 구석기 시대에도 이곳에 사람들이 있었을까? 그때는 무엇을 먹고, 무엇을 입고, 어떻게 생활했을까?' 이런 생각을 하니 그때는 먹을 것이 많지 않고 차도 없었지만 오히려 지금보다 몸과 마음은 더 편하지 않았을까 하는 생각이 듭니다.

장태산에 도착하니 큰 저수지가 나타납니다. 물과 산과 하늘이 만나는 곳입니다. 장태산에는 쭉쭉 곧게 뻗은 메타세쿼이아가 많습니다. 예전에 장태산은 개인 소유였습니다. 당시 소유자가 장태산에 메타세쿼이아를 많이 심었는데 그 나무들이 자라 어느샌가 아름드리나무로 되었습니다. 더운 여름이면 많은 사람들이 찾아와 피서를 즐기는 이곳은 지금 대전시에서 관리를 하고 있습니다. 장태산은 크지도 작지도 않으면서 생태가 잘 보존된 곳입니다. 봄이면 진달래가 만발하고 가을이면 야생화가 많이 핍니다.

11월 말은 겨울의 초입이라 쌀쌀함이 느껴집니다. 특히 이곳은 지대가 높아 더 춥습니다. 메타세쿼이아도 추위를 견디지 못해 힘에 겨운 듯 이파리를 하나, 둘 떼어냅니다. 자식이 나이가 들면 결혼을 하여 부모님 곁을 떠나는 것이나, 열심히 먹이를 물어다가 키운 새가 둥지를 떠나는 것이나, 나뭇잎이 떨어지는 것이나 마찬가지라고 생각합니다. 낙엽을 밟으면서 계곡의 상류로 올라갔습니다.

물이 고여 있는 계곡의 상류에 다다르니 숲속에 자그마한 상점이 하나 보입니다. 차가운 아침 공기를 타고 아무도 없는 메타세쿼이아 숲에서 정겨운 음악이 흘러나옵니다. "산모퉁이 바로 돌아……." 가수 김태곤의 「송학사」라는 노래입니다. 가끔 노래방에서 부르긴 했어도, 아무도 없는 아침 숲속에서 듣는 이 노래가 이렇게 좋을 줄이야……. 마치 노래가 내 마음속으로 녹아드는 기분입니다. 한동안 멍하니 서서 노래를 따라 불렀습니다.

상점 바로 밑의 물이 고여 있는 자그마한 곳에 메타세쿼이아의 작은 나뭇잎과 다른 나뭇잎들이 그 위를 덮고 있었습니다. 긴 꼬챙이를 들고 그 나뭇잎들을 하나하나 뒤집어보고 있는데 갑자기 개구리 한 마리가 큰 낙엽 밑으로 숨어들었습니다. 눈 뒤에 넓은 검은 점이 선명하게 보이고, 목 밑에도 검은 점들이 많이 있는 것으로 보아 바로 오늘 보려고 한 계곡산개구리란 것을 직감할 수 있었습니다.

계곡산개구리는 봄이 되면 계곡의 물속에서 짝짓기를 하고 얼음이 채 녹기도 전에 알을 낳습니다. 계곡산개구리 알은 점성이 커 서로 떨어지지 않고 계속 붙어 있지만 북방산개구리나 한국산개구리 알은 발생이 진행되면 윗부분이 허물어지면서 알도 서로 떨어집니다.

알은 이렇게 구별이 잘 되나 성체는 구별이 쉽지 않습니다. 자세히 살펴봐야 가능한데, 계곡산개구리는 북방산개구리보다 전체적으로 크기가 작고, 특히 목 밑이나 겨드랑이, 배의 가장자리 등 몸 전체에 검은 반점이 산재하고 있습니다. 또 북방산개구리보다 뒷다리의 물갈퀴가 잘 발달해 있으며, 주둥이도 더 뭉뚝합니다. 하지만 이런 차이점도 최근에 밝혀진 것이고 일반 사람들은 여전히 구별하기가 어렵습니다. 더 많은 연구가 필요한 부분입니다. 참고로 울음소리를 들어보면 확실히 구별이 가능합니다. 북방산개구리는 "호로로롱 호로로롱" 하고 큰 소리를 내지만 계곡산개구리는 "쿠쿠쿡 쿠쿠쿡" 하면서 아주 작은 소리로 울어 녹음을 하기도 어렵습니다.

보고 싶었던 계곡산개구리도 만나고, 깨끗한 공기도 마시니 몸이 한결 가벼워집니다.

한 시간쯤 지나니 주변의 산책로에 등산객들이 많이 보이기 시작합니다. 주로 가족이나 친구들과 함께 온 사람들입니다.

주변의 단풍나무는 아직도 빨간색을 자랑하고 있습니다. 다른 나무들의 녹색 잎이 떨어지니 단풍잎이 더욱 돋보입니다. 어떤 가족이 사진을 부탁하여 찍어주었는데 모습이 가지각색입니다. 굳은 표정, 웃는 표정…….

한참을 내려오다 메타세쿼이아를 올려다보니 나뭇잎은 없고 가지만 남아 있었습니다. 다람쥐 한 마리가 입에 도토리를 물고 겨울 준비를 재촉하면서 나무로 올라갑니다. 이제는 겨울을 맞이할 시간인가 봅니다.

● 계곡산개구리의 서식지

계곡산개구리의 산란지입니다. 계곡산개구리는 알을 낳은 후에 계곡 주변의 산으로 이동하여
생활합니다. 그래서 산란기 외에는 녀석을 관찰하기가 어렵습니다.

● 계곡산개구리의 생태

겨울잠을 자는 계곡산개구리

계곡산개구리 알은 발생이 천천히 이루어집니다. 3월의 계곡물이 차갑기 때문입니다.

1 2 3 계곡산개구리 올챙이입니다. 북방산개구리 올챙이와 비슷합니다.

계곡산개구리 유생

↕ 보호색을 띤 수컷

암컷은 수컷보다 크고, 어두운 갈색 바탕의 등에 검은 반점이 있습니다.

노란색을 띤 수컷의 배에는 검은 무늬가 많습니다.

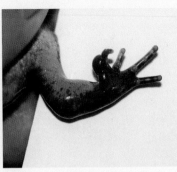

수컷은 다리에 생식혹이 있어 짝짓기를 잘합니다.

뒷다리의 물갈퀴가 발달해 헤엄을 잘 칩니다.

눈 뒤에 검은 점이 있습니다.

옥천의 두꺼비는
어떻게 태어난 곳을 찾아올까?

예로부터 두꺼비에 대한 이야기는 많이 전해 내려옵니다. 우리 조상들이 두꺼비가 복을 불러오고 재물을 모아주는 부의 상징이라고 생각했기 때문입니다. 그래서 식당을 개업하는 사람들은 가게 입구에 두꺼비 돌 조각을 놔두기도 했으며, 가정에서는 떡두꺼비 같은 아들을 낳게 해달라고 기원하기도 했습니다.

봄이 시작되는 3월이면 내게 지병처럼 찾아오는 버릇이 있습니다. 휴일에도 집에 있지 못하고 산이며 들이며 쏘다니는 버릇입니다. 역마살이라고나 할까요. 특히 3월 5일, 경칩을 전후하여 더욱더 이런 증상이 심해집니다.

내가 살고 있는 대전 주변에는 저수지가 많습니다. 대전, 옥천, 청주

높은 산 위에서 본 대청호의 모습입니다.

를 연결해주는 생명수인 대청호는 산 위에서 보면 풍광이 참 아름답습니다. 마치 남해나 서해의 다도해처럼 그림 같은 모습을 보여줍니다.

큰 호수도 좋지만 나는 작은 물웅덩이를 더 좋아합니다. 옥천 주변에는 이런 작은 물웅덩이가 많이 있습니다.

3월이 되면 겨우내 땅속에서 잠을 자던 두꺼비가 물웅덩이로 떼로 몰려와 알을 낳고 다시 산으로 올라갑니다. 대청호 물줄기를 따라 물웅덩이를 쫓아다니면 두꺼비를 만날 수 있습니다.

'두꺼비는 어떻게 자기가 태어난 곳을 찾아올까?' 문득 그런 의문이 들었습니다. 궁금증은 생각을 낳고, 생각은 탐구 활동으로 이어져 2005년과 2006년 두 해를 두꺼비와 함께 보냈습니다.

내가 가르치는 학생들 중 동물에 관심이 많은 학생 두 명과 함께 이 문제를 두고 실험과 관찰을 해보기로 하였습니다. 우리는 옥천의 마을 안에서 야산 근처에 있는 한 물웅덩이를 실험 장소로 정하였습니다. 마을 주민들에게 수소문한 끝에 해마다 많은 두꺼비가 이곳으로 내려와 알을 낳고 올라간다는 이야기를 들은 것입니다.

녀석들은 어떻게 매년 이곳을 찾아올까요? 그것도 멀게는 1~1.5킬로미터에서도 온다고 하니 신기할 따름입니다. 이 문제를 연구한 논문을 찾아보았는데 국내 논문에서는 찾을 수 없었고, 다행히 외국에서 연구한 사례가 있어 그것을 토대로 실험을 해보았습니다. 외국의 연구 사례에 따르면 두꺼비는 지구의 자기장을 이용해 번식지를 찾아온다고 합니다. 그래서 한 그룹의 두꺼비는 머리에 얇은 자석을 부착하여 방향을 찾는 데 혼란을 주었고, 다른 그룹은 아무것도 부착하지 않았습니다.

실험 결과 아무것도 부착하지 않은 그룹에서 훨씬 더 많은 두꺼비가 물웅덩이로 찾아온다는 사실을 알게 됐습니다. 두꺼비가 번식지를 찾아오는 현상은 분명 자기장과 어떤 관련이 있는 듯합니다. 물론 여기에는 많은 오류가 있으며 자기장만이 길을 찾는 유일한 방법은 아닐 것입니다. 냄새로 번식지를 찾아온다는 논문도 있고, 심지어는 별자리를 이용해 찾아온다는 주장도 있습니다. 어찌 되었든 두꺼비가 번식지를 찾아오는 요인으로 지구의 자기장에 큰 무게를 두고 있는 것 같습니다.

산이나 논, 밭에 서식하던 두꺼비는 2월에서 3월이 되면 산란하기 위해 주변에 있는 저수지나 물이 고인 논으로 이동합니다. 산란지에는 수컷이 주로 먼저 도착하는데 수컷과 암컷의 비율은 약 3대 1로 수컷이 더 많습니다. 수컷은 암컷을 차지하기 위해 작게 "콕콕콕 콕콕콕" 하고 울면서 동분서주합니다. 암컷의 움직임을 감지하면 수컷이 짝짓기를 시도하고, 암컷은 짝짓기를 하면서 알을 낳습니다. 번식을 마친 두꺼비는 다시 야산이나 논, 밭으로 이동하며, 흙 속으로 들어가 봄잠을 잔 후 4월이나 5월에 깨어나서 생활합니다.

두꺼비는 개구리와 달리 알이 들어 있는 긴 알주머니를 두 줄로 낳습니다. 다른 녀석들이 알을 먹는 것을 막기 위해 나뭇가지나 물풀, 그루터기에 알주머니를 이리저리 묶어둡니다.

암컷이 알을 낳으면 수컷이 정자를 방출하여 수정이 됩니다. 두꺼비 알은 약 20일쯤 지나 작은 올챙이가 되는데, 올챙이는 까만색이며 떼를 지어 몰려다닙니다. 과학자들은 이렇게 몰려다니는 행동이 적에게 위협을 주기 위함이라고 말합니다. 올챙이들이 몰려다니는 것을 위에서 보면 마치 UFO가 이동하는 것처럼 보이기도 합니다. 그러나 불행하게도 외따로 떨어져 있는 개체는 물론이고, 대부분의 올챙이들은 백로나 왜가리의 먹이가 됩니다. 자연으로 돌아가 성장하는 녀석들은 고작 10~20퍼센트뿐입니다.

생존경쟁에서 살아남은 올챙이들은 5월 중순이 되면 꼬리가 없어지

두꺼비 올챙이는 개미처럼 떼를 지어 길게 움직입니다.

고 산이나 들로 이동할 준비를 합니다. 녀석들은 비가 오는 날이나 습도가 높은 날에 일제히 이동합니다.

이렇듯 산란지 주변에 있지 않고 이동을 하는 이유는 아무래도 모두 산란지 주변에 있으면 생활공간이 부족해져 먹이 경쟁이 일어나기 때문인 듯합니다. 멀리 이동해야 넓은 생활공간을 확보하여 먹이를 쉽게 구할 수 있을 것입니다.

비가 오는 날이나 습도가 높은 날에 이동을 하는 것은 유생은 아직 피부가 딱딱하지 않아서 햇빛이 있는 날에 이동하면 피부가 메말라 죽을 수도 있기 때문입니다. 두꺼비는 폐호흡과 피부호흡을 하기에 피부가 촉촉하게 젖어 있지 않으면 호흡하는 데 문제가 생길 수 있습니다.

누우가 풀을 찾아 이동하는 것이나, 개미가 이동하는 것이나, 철새가 이동하는 것이나 모두 떼를 지어 이동하는 것은 동물들의 생존 법칙인가 봅니다. 이렇게 5월이 끝나고 6월이 되면 새로운 녀석들이 물웅덩이의 주인이 됩니다.

두꺼비는 크기가 100~150밀리미터쯤 됩니다. 등은 붉은 갈색 바탕에 검은 무늬가 있거나 흰 줄이 있는 것 등으로 다양하며, 몸에는 돌기가 많이 있습니다. 또 녀석은 작은 곤충이나 애벌레, 지렁이 등을 잡아먹습니다.

두꺼비에 대한 탐구에서 많은 것을 알게 되었습니다. 그중 하나는 두꺼비가 이동할 때 길에서 많이 죽는다는 사실입니다. 이 문제는 생태 통로로 해결할 수 있는데 우리나라에도 생태 통로가 성공한 사례가 많이 있습니다.

학생들과 탐구 활동을 하면서 주변 사람들의 도움을 많이 받았습니다. 옥천의 마을에 사는 박정자 아주머니께서는 우리가 탐구하는 모습을 보고 함께 관찰도 해주셨고, 맛있는 부침개도 만들어주셨습니다. 이번 주말에는 그때의 아이들과 함께 꼭 다시 옥천을 가봐야겠습니다. 두꺼비와 아주머니가 우리를 반겨주겠지요?

● 두꺼비의 서식지

거울처럼 맑은 물웅덩이가 보이고, 마을 뒤쪽에는 아담한 야산이 병풍처럼 둘러싸고 있습니다.
이곳에 3월이 되면 양쪽 산에서 두꺼비가 모여듭니다.

● 두꺼비의 생태

짝짓기를 하면서 산에서 저수지로 이동하는 두꺼비들도 있습니다. 수컷이 암컷의 겨드랑이를 껴안고 있습니다.

두꺼비는 암컷 한 마리를 두고 수컷 여러 마리가 집단으로 짝짓기를 하기도 합니다. 그래서 가끔 암컷이 눌려서 죽기도 합니다.

두꺼비는 알주머니를 나무나 물풀에 챙챙 감겨둡니다.

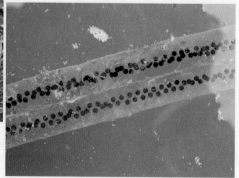

알주머니 속에는 둥글고 검은 알이 불규칙하게 배열되어 있습니다. 마치 스님들이 걸고 다니는 염주 같습니다.

두꺼비 올챙이는 검은색 또는 어두운 갈색을 띱니다.

올챙이가 세 무리로 모여 있습니다.
검은색이 돋보입니다.

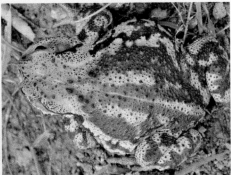

수컷은 암컷보다 크기가 작고, 어두운 갈색입니다.

암컷은 붉은 빛을 띠며, 알을 가지고 있어 몸집이 큽니다.

수컷은 안쪽에서 첫째, 둘째, 셋째 앞발가락에 검은색의 딱딱한 생식혹이 있습니다.

두꺼비는 산란지나 서식지로 이동할 때 많은 장애물을 만납니다. 가장 위협적인 요인은 자동차입니다. 자동차를 미처 피하지 못한 두꺼비와 개구리는 차에 깔려 죽고 맙니다. 또 다른 위협 요인은 배수로입니다. 우리나라의 배수로는 깊고 경사가 급하여 한번 빠지면 나오기가 어렵습니다. 이런 문제를 해결하기 위해 배수로 위에 뚜껑을 설치하거나 대피로를 만들고 경사를 완만하게 해주는 방법이 있습니다. 가장 좋은 방법은 안전한 생태 통로를 만드는 것입니다.

월악산의 무릉도원 그리고 물두꺼비

　　신록이 가득한 5월 초순, 나는 요 며칠 전부터 월악산에 가고 싶었습니다. 5월은 행사가 많은 달입니다. 5일은 어린이날, 8일은 어버이날, 15일은 스승의 날……. 5월 8일은 어버이날이라 약간 망설여지기도 했지만 월악산에 가기로 마음먹고 며칠 전부터 준비를 했습니다. 자가용으로 가면 쉽게 찾아갈 수 있겠지만 기차를 이용하기로 했습니다.

　　이른 아침, 대전역에는 많은 사람들로 붐빕니다. 다들 어디로 가는지 바쁜 걸음입니다. 어버이날이라 사람들의 손에는 카네이션이 들려 있습니다. 주로 나이 드신 할아버지와 할머니 그리고 여자 분들이 많습니다. 8시 5분, 충주행 기차에 몸을 실었습니다. 대중교통은 자가용보다

불편하지만 많은 것을 보고 배울 수 있어 좋습니다. 자가용으로 이동을 하면 운전에 신경을 써야 하니 5월의 신록과 사람들이 살아가는 모습을 볼 수 없고, 풀과 나무들에게도 대화를 건넬 수가 없습니다.

기차는 청주를 지나 넓은 들이 한눈에 보이는 오창 벌을 지나고 있습니다. 바둑판 모양의 넓은 들에는 서해안의 염전마냥 하나둘씩 물이 채워지고 있습니다. 이제 조금 있으면 모내기 철이라 그런지 모내기 준비가 한창입니다.

옛날에는 온 동네 사람들이 모여 이 집 저 집 돌아가면서 모내기를 했습니다. 그때는 긴 줄을 이용하여 모심을 곳을 표시하고 거기에 직접 모를 심었습니다. 또 점심 중간에 먹는 새참은 지금의 어떤 진수성찬보다도 맛있었습니다. 논의 가장자리에 둘러앉아서 먹었던 그 새참은 멸칫국물에 말아먹는 국수였습니다. 그 맛을 지금도 잊을 수가 없습니다.

어느덧 충주역에 도착했습니다. 아담하고 깨끗하게 정돈된 역이 인상적입니다. 역시 많은 사람들이 손에 선물을 들고 바쁘게 움직입니다. 여기서 월악산까지는 시내버스를 이용하기로 했습니다. 그곳으로 가는 시내버스는 두 시간마다 오기에 한번 놓치면 또 두 시간을 기다려야 하니 신경이 많이 쓰입니다. 미리 시간을 알아두었지만 그래도 못 미더워 택시 기사님과 지나가는 사람들에게 월악산 송계 계곡행 시내버스에 대해 묻고 또 묻습니다.

10시 30분, 정확하게 시내버스가 도착했습니다. 버스에 올라 다시 기사님께 확인을 하고 나니 그제야 마음이 놓입니다. 버스 안에는 노인들과 학생들이 대부분입니다. 역사가 깊은 충주는 크지도 작지도 않은 내륙의 깨끗한 도시입니다.

시내버스는 손님이 타고 내리기를 반복하면서 무학시장, 자유시장을 지나 시내를 빠져 나갑니다. 여기도 5월의 신록이 눈부십니다. 5월은 관광지가 따로 없습니다. 어디를 가도 싱그러운 자연을 느낄 수 있습니다. 여행은 마음의 여유를 갖게 하고, 자연과 대화를 나눌 수 있게 합니다. 그래서 여행은 자신을 뒤돌아보는 일기와도 같습니다.

어느덧 버스는 온천의 고장, 수안보를 지나 월악산 송계계곡에 들어서고 있습니다. 수안보에서 젊은 사람들이 많이 탔습니다. 미처 잔돈을 준비하지 못한 외국인 두 명이 차비를 내지 못하자 기사님께서는 그냥 타라고 하셨습니다. 마음이 즐거운 듯, 모두들 차에 타자마자 즐겁게 대화를 나눕니다.

월악산 초입은 사과나무와 복숭아나무 천지입니다. 마침 꽃이 피는 시기라 하얀 사과나무 꽃과 분홍빛의 복숭아꽃이 절묘한 조화를 이룹니다. 여기가 무릉도원이란 생각이 듭니다.

차창을 활짝 열어놓으니 5월의 향기가 코끝을 자극합니다. 향수며 방향제가 무슨 필요가 있을까요?

복숭아나무입니다. 복숭아꽃이 피는 시기에 물두꺼비가 짝짓기를 하고 알을 낳습니다.

　버스는 월악산 고개고개를 돌아 오늘의 목적지인 '닷돈재 휴게소'에 도착했습니다. 끝까지 친절하게 길을 안내해준 기사님께 인사를 하고 내렸습니다. 내리자마자 바로 옆에 있는 계곡으로 향합니다. 오늘의 목적은 물두꺼비 알을 관찰하는 것입니다. 물두꺼비는 4월 말에 알을 낳기 때문에 오늘이 지나면 다시 1년을 기다려야 합니다. 마음이 급해집니다.

　계곡의 가장자리를 중심으로 돌을 하나둘씩 들추면서 상류에서 하류로 내려갔습니다. 그러던 중 물가에 낯익은 뱀이 한 마리 누워 있는 것을 보았습니다. 순간 놀랐지만 반가움에 금세 기분이 좋아졌습니다. 녀석은 유혈목이였습니다. 머리를 중심으로 몸에 새겨진 무늬가 화려하여 '꽃뱀'이라고도 불리며, 까불면서 너불너불한다고 시골에서는 '너불대'라고도 합니다. 놈은 독이 있기 때문에 조심해야 합니다. 사진을 찍을 새도 없이 녀석이 바위 밑으로 사라져버려 아쉬웠습니다.

한 시간쯤 보물찾기 하듯 오늘의 목표물을 열심히 찾았지만 보이지 않았습니다. 녀석들이 벌써 발생을 다하여 올챙이가 되었을까요? 주변에는 두꺼비 올챙이들이 많이 보입니다. 목표물이 계속 보이지 않자 조금씩 조급해지기 시작합니다.

그러기를 두 시간, 큰 바위가 있고 물이 고여 있는 곳을 발견했습니다. 그곳의 돌을 들어 올리는 순간, 그렇게도 보고 싶었던 물두꺼비 알이 돌에 가지런히 붙어 있었습니다.

서둘러 카메라를 꺼내 사진을 찍었습니다. 시간이 얼마나 흘렀을까요? 한참 사진을 찍다가 배가 고파 시계를 보니 어느덧 2시가 다 돼가고 있었습니다. 2시 48분 버스를 타야 집으로 돌아갈 수 있기에 마음이 또 급해졌습니다. 카메라 두 대를 이용하여 물두꺼비 알과 성체를 정신없이 찍었습니다.

물두꺼비는 강원도, 충청도 등의 국립공원에 있는 맑고 깨끗한 계곡 근처에서 삽니다. 해마다 9~10월이 되면 계곡의 물 흐름이 약한 곳에서 겨울잠을 잔 뒤 그곳에서 알을 낳고 다시 계곡 근처로 이동하여 생활합니다. 이 녀석은 여느 개구리나 두꺼비와 달리 짝짓기를 한 상태로 계곡에서 겨울잠을 잡니다.

알은 4월 말이나 5월 초에 낳는데, 두꺼비 알처럼 긴 주머니 속에 염주 모양의 알이 일렬로 일정하게 들어 있습니다. 하지만 두 줄로 알을 낳는 두꺼비와 달리 물두꺼비는 한 줄로 낳으며, 한 마리당 1000~1500여 개의 알을 낳습니다. 또 계곡물에 떠내려가는 것을 막기 위해 물의 흐름이 약하고 낙엽이 쌓여 있는 납작한 돌 밑에 알을 붙여서 낳습니다. 계곡의 물은 차갑지만 물두꺼비 알은 낳자마자 발생이 진행되어 모양이 조금씩 변합니다.

모양이 변한 알은 조금 더 있으면 부화합니다. 작은 올챙이는 돌이나 낙엽에 붙어 있는 수초를 먹고 살며, 온몸이 검은색입니다. 계곡의 중간은 물살이 강하기 때문에 가장자리로 이동하여 살아갑니다. 두 달쯤 지나면 올챙이는 뒷다리와 앞다리가 생기고 꼬리가 없어집니다. 곧 작은 물두꺼비가 되어 주변의 산으로 이동해 거기에서 생활합니다. 물두꺼비 유생은 계곡이나 산림 속에 사는 작은 곤충과 거미, 지렁이 등을 먹습니다.

'물두꺼비'는 물속에서 겨울잠을 자기 때문에 붙인 이름입니다. 두꺼비는 땅속에서 겨울잠을 자는데, 왜 물두꺼비는 물속에서 겨울잠을 잘까요? 아무래도 물속은 수온의 변동이 심하지 않고, 항상 고르게 산소가 공급되며, 피부를 통해 산소를 얻을 수 있기 때문인 듯합니다. 또한 물두꺼비가 여느 개구리와 달리 짝짓기를 한 상태로 겨울잠을 자는 이유는 잠에서 깨어나자마자 알을 낳고 산으로 올라가야 하기에 빨리 짝을 만나 쉽게 알을 낳을 수 있는 환경에 적응한 것이라고 생각됩니다. 덧붙여 암수가 짝짓기를 한 상태로 함께 있는 것은 포식자의 눈에 더 띄어 위험하므로 수심이 깊은 곳의 큰 돌 아래로 들어가 겨울잠을 잡니다.

2시까지 촬영을 마치고 혼자 계곡에 앉아 준비한 간식을 먹었습니다. 아무도 보는 사람이 없었지만 마음은 흐뭇했습니다. 2시 48분, 시내버스가 정확하게 다시 그곳에 왔습니다. 차를 타고 보니 아침에 나를 여기까지 태워준 그 기사님입니다. 승객은 저 혼자입니다. 이런저런 이야기를 나눴습니다. 이 버스는 하루에 8회 운행을 하는데 두 분이서 4회씩 운행을 한답니다. 옛날에는 손님이 너무 많아서 차가 고개를 못 올라갈 지경이었다고 합니다. 돌아올 때는 주로 마을 주민들과 산나물을 해서 오는 아주머니들이 버스에 탔습니다.

늦은 오후의 햇살에 비친 월악산의 사과나무 꽃과 복숭아꽃이 더욱더 싱그럽게 빛납니다. 여기는 무릉도원, 내년에도 물두꺼비를 볼 수 있으면 좋겠습니다.

::: 들여다보기!

● 물두꺼비의 서식지

물두꺼비가 겨울잠을 자고 알을 낳는 맑고 깨끗한 계곡입니다.

● 물두꺼비의 생태

물두꺼비의 짝짓기 모습으로 아래 있는 것이
암컷, 위에 있는 것이 수컷입니다. 녀석들은
짝짓기 상태로 겨울잠을 자기도 합니다.

한 줄로 되어 있는 물두꺼비 알주머니입니다.

낳은 지 한 달쯤 지난 알입니다. 발생이 진행되어 오뚝이 모양으로 변해 있습니다.

물두꺼비 올챙이입니다. 몸통은 타원형이며, 눈은 머리의 위쪽에 있습니다.
꼬리에는 검은색 점이 있고, 위에서 보면 물이 나오는 구멍은 왼쪽에 있습니다.

물두꺼비 유생은 두꺼비 유생보다 다리가 가늘고, 몸에 작은 돌기가 있습니다.
작지만 어미를 닮았습니다.

수컷은 눈 뒤쪽이 볼록 나와 있습니다. 앞발가락 첫 번째와 두 번째 마디 안쪽에 까칠까칠한 생
식혹이 발달해 있어 암컷과 구별되며 짝짓기를 할 때 이것을 이용합니다.

암컷은 앞다리에 생식혹이 없습니다. 암수 모두 등의 색깔이 주변 환경에 따라 약간씩 변합니다.

● 두꺼비와 물두꺼비 비교

	두꺼비	물두꺼비
크기	7~12cm	5~7cm
생식혹	검은색 돌기	작은 돌기
알	두 줄	한 줄

찬샘마을에서
참개구리를 만나다

계절의 여왕인 5월이면 시골에서는 모내기를 준비합니다. 논을 갈아 논두렁을 만들고 물을 가득 채웁니다.

이맘때쯤 참개구리들은 기다렸다는 듯 물이 고여 있는 논으로 모여들어 "꾸르르륵 꾸르르륵" 하고 울기 시작합니다. 참나무, 참새, 참취, 참깨, 참외 모두 '참'자가 들어갑니다. 이런 녀석들은 왠지 정감이 갑니다.

개구리 중의 개구리는 역시 참개구리입니다. 초등학교 시절 학교를 마치고 논둑길을 따라 걸어가면 여기저기서 "풍덩 풍덩" 하고 논으로 뛰어들던 녀석이 바로 참개구리입니다. 뱀에게 가장 많이 잡아먹히고, 때로는 사람에게도 많은 수난을 당했던 참개구리는 가장 친근감이 가는 개구리이기도 합니다.

동네 사람들이 모여 모내기를 하기 위해 모판을 준비하고 있습니다. 즐거운 모습입니다.

　이 녀석은 주로 습지나 논 주변에 습기가 많은 흙 속에 들어가 겨울을 나고, 4월 말이면 땅속에서 나와 물가로 모여듭니다. 저수지나 연못, 습지보다는 유난히 고인 논물을 좋아하여 곧장 논으로 모입니다. 그래서 참개구리를 '논개구리'라고도 합니다.

　수컷은 귀 밑에 발달한 두 개의 울음주머니로 공기를 넣었다 빼면서 큰 소리로 웁니다. 녀석은 울 때 머리를 물 위로 내놓고 뒷다리로 땅을 짚고 웁니다. 다른 수컷이 접근하면 더 크고 빠른 소리로 울고, 아주 가까이 접근하면 서로 앞다리를 잡고 싸우기도 합니다. 큰 소리로 힘차게 우는 수컷에게 암컷이 접근하면 그때 짝짓기가 이루어집니다. 한 마리가 울면 일제히 울기 시작하고, 사람이 접근하면 일시에 울음을 멈춥니다. 또한 물의 온도가 높을수록 빠른 속도로 울며, 온도가 낮을수록 천천히 길게 웁니다. 물의 온도가 10도쯤 높아지면 우는 속도는 약 두 배 빨라집니다. 크기 5~7.5센티미터로 다양한 참개구리들의 울음소리를 녹음해 분석해본 결과, 개체의 크기가 클수록 소리의 길이도 길다는 것을 알 수 있었습니다.

뼈 나이 결정법(뼈 속의 나이테 수)으로 번식지에 나타난 참개구리의 나이를 알아보았더니 2년부터 8년까지 있는 것으로 확인되었습니다. 이로써 이들의 평균 나이는 4.4년이며, 4~5년 때 번식에 가장 많이 참여한다는 사실을 알 수 있었습니다. 또한 개체들의 나이에 따른 크기를 조사해본 결과, 2년까지는 급속히 성장하다가 3년부터는 서서히 자라며 6년 때부터는 많이 성장하지 않는 것으로 나타났습니다.

참개구리는 2000~3000여 개의 알을 낳는데, 알덩어리는 약 20센티미터로 점성이 약하고 가벼워서 푹 퍼진 상태로 부착되지 않은 채 물에 약간 잠겨 있습니다. 가끔 소금쟁이가 와서 이 알을 먹기도 합니다.

일주일쯤 지나면 알에서 작은 올챙이가 나옵니다. 올챙이는 뒷다리가 먼저 나오고 이어서 앞다리가 나오며, 꼬리가 차츰 줄어들면서 새끼 개구리가 됩니다.

참개구리 성체는 뒷다리의 물갈퀴와 근육이 발달하여 빠른 속도로 헤

주변에 있던 소금쟁이가 참개구리 알을 먹고 있습니다. 소금쟁이가 먹은 알은 부화하지 않습니다.

엄을 칠 수 있습니다. 이것이 바로 '개구리헤엄'입니다. 또한 머리가 뾰족하고 몸이 유선형으로 발달해 물속에서 빠르게 이동할 수 있습니다.

참개구리는 지렁이, 지네, 거미 또는 파리 같은 작은 곤충을 주로 잡아먹습니다. 먹이가 높은 곳에 있을 때는 높이 뜀과 동시에 혀를 쭉 내밀어 잡아먹습니다.

참개구리는 이빨이 있어도 씹지를 못합니다. 대신 이빨은 먹이가 도망가는 것을 막아주는 역할을 합니다. 또 참개구리는 먹이를 삼킬 때 눈이 안쪽으로 들어가는데, 이는 먹이가 목 안으로 넘어가는 것을 도와줍니다.

튀어나온 눈으로 항상 주변을 경계하며 자기를 해칠 만한 녀석이 나타나면 빨리 뛰어 도망갑니다. 풀 속이나 물속으로 숨어 버리는 것이 상책입니다.

참개구리는 눈을 보호해주는 안경도 가지고 있습니다. 이 안경은 물에 들어가면 밑에서 위로 올라와 눈을 보호해주며 또 물속이 잘 보이게 해줍니다. 눈이 안 좋은 사람이 렌즈를 끼는 것이나 조종사가 전투기에 앉으면 위에서 문이 내려오는 것과 같습니다. 이렇게 봄, 여름, 가을을 보낸 참개구리는 찬바람이 불면 햇볕이 잘 드는 흙 속으로 들어가 겨울잠을 자고 이듬해 다시 나옵니다.

참개구리는 개구리의 대명사이자 우리들의 어릴 적 장난감이었습니다. 시골의 논이나 마을 뒤쪽의 저수지, 마을 앞에 흐르는 냇가의 풀 속 어디를 가도 참개구리는 많이 있었습니다. 잡아서 닭의 사료로도 이용하고, 논에 알이 너무 많다고 건져내 버리기도 했던 참개구리. 우리 주변에 항상 많이 있어서 너무 무신경하게 대했던 개구리가 바로 참개구리였습니다.

올 봄에도 못자리를 하는 논에서 정겨운 참개구리를 보고 싶습니다.
"꾸르르륵 꾸르르륵……."

::: 들여다보기!

● 참개구리의 서식지

참개구리가 겨울잠을 자는 장소입니다.

시골집 앞에는 논이 있습니다. 여기에 물을 채우면 용케도 참개구리가 찾아와 밤에 큰 소리로 울면서 짝짓기를 합니다.

● 참개구리의 생태

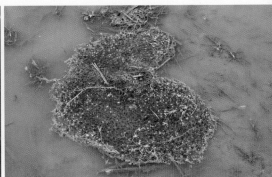

논에 모인 참개구리가 제일 먼저 하는 일은 짝짓기입니다.
암컷은 덩치가 크고 수컷은 작습니다.
수컷은 앞다리 생식혹이 있어 암컷의 겨드랑이를 꼭 잡고
짝짓기를 합니다.

참개구리 알

1 2 3 참개구리 올챙이의 등에는 성체의 특징인 줄무늬가 선명하게 보입니다.

참개구리 유생 또한 등의 가운데 줄이 선명합니다.

수컷의 울음주머니

참개구리의 물갈퀴

참개구리가 즐겨 먹는 지네와 지렁이입니다.
이밖에도 작은 곤충과 거미 등을 잡아먹습니다.

● 참개구리 구별법

1. 참개구리의 등에는 암수 모두 머리에서 배설기까지 선명한 줄이 세 개 있으며,
   작은 돌기가 세로로 많이 나 있습니다.
2. 등의 가운데 줄은 흰색, 청색, 녹색 등으로 색깔이 다양합니다.
3. 암컷의 등은 주로 갈색이나 회색 바탕에 검은색 점이 불규칙하게 퍼져 있습니다.
4. 수컷의 등은 주로 녹색이나 갈색 바탕에 검은색 점이 불규칙하게 나 있습니다.
5. 수컷은 고막 아래에 울음주머니가 있습니다.
6. 수컷은 앞다리의 첫 번째 발가락에 생식혹이 있습니다.
7. 암수 모두 배가 흰색입니다.

참개구리 암컷

암컷의 배

참개구리 수컷

생식혹

아산만에서 청개구리를 만나다

　　　　　　　'청개구리' 하면 대개 말을 잘 듣지 않고 반대로 행동하는 사람을 떠올립니다. 이는 비가 올 때 어머니의 무덤을 잃고 울었다는 동화 「청개구리」에서 비롯된 것으로, 청개구리는 보통 부정적인 의미로 많이 쓰여왔습니다.

　하지만 이런 이미지와 달리, 청개구리는 여느 개구리보다 신비한 생태적 특징을 많이 가지고 있습니다. 모습 또한 작고 귀여워 아이들뿐만 아니라 어른들도 좋아하는 개구리입니다. 색깔도 주로 청색으로 예쁘고, 피부가 매끈해서 매우 부드러워 보입니다. 그래서 어떤 화장품 회사에서는 청개구리를 모델로 삼아 상품이 지닌 깨끗한 이미지를 부각시키기도 했습니다.

청개구리는 추운 겨울에 흙 속이나 고사목 속에서 겨울잠을 자고, 4월 중순이 되면 잠에서 깨어나 못자리를 만드는 논의 도랑으로 모여들어 울기 시작합니다.

먼저 수컷이 터를 잡고 목청껏 울고 있으면 암컷이 나타납니다. 수컷은 몸에 공기를 잔뜩 넣고 빼면서 고막을 진동시켜 소리를 냅니다. 몸집은 작지만 소리가 아주 커서 멀리서도 잘 들립니다. 5, 6월에 시골길을 걷고 있으면 이런 청개구리 소리를 많이 들을 수 있습니다. 시끄러울 정도로 말입니다. 하지만 얼마나 정겨운 소리던가요!

과학자들이 청개구리의 울음소리를 녹음해 분석한 결과에 따르면, 청개구리는 수온이 높을수록 짧고 높은 소리를 내고, 수온이 낮을수록 길면서 낮은 소리를 내는 것으로 밝혀졌습니다. 이것은 암컷이 울음소리를 듣고 어떤 수컷과 짝짓기를 할 것인지를 선택하는 중요한 요소가 됩니다. 즉 노래를 잘하는 녀석이 장가를 잘 가는 것입니다. 참 교묘하고 신비로운 이치입니다.

청개구리는 짝짓기를 한 상태로 알을 낳습니다. 여러 번 나눠서 알을 낳는데 보통 한 번에 20~30개쯤 낳으며, 이리저리 이동하면서 물풀이나 논의 흙에 알을 붙여둡니다. 붙일 만한 곳이 없으면 덩어리로 놔두기도 합니다. 그렇게 해서 모두 300~600개의 알을 낳고, 알은 크기가 작습니다. 또 알의 위쪽은 갈색, 아래쪽은 흰색으로 위아래의 색깔이 달라서 동물극과 식물극이 뚜렷하게 구분됩니다.

청개구리 알은 바로 발생을 시작합니다. 빠르게 발생을 진행하여 오뚝이 모양, 물고기 모양 등을 거쳐 올챙이가 됩니다.

올챙이의 등은 밝은 갈색이고, 꼬리에는 검은 반점이 많이 있습니다. 눈은 머리의 가장자리에 있으며, 물이 나오는 구멍은 왼쪽에 있습니다. 수온에 따라 다르지만 청개구리 올챙이는 보통 30~40일이 지나면 새끼 개구리가 되어 논 주변의 산이나 들로 가서 생활합니다.

청개구리들은 발가락에 흡반이 발달해 있어서 나무나 벽, 심지어 유리도 잘 타고 올라갑니다. 그래서 유럽에서는 청개구리를 나무개구리 Tree Frog라고도 합니다. 청개구리가 다른 개구리에 비해 개체 수가 잘 유지되는 이유는, 어린 시절은 물속에서 보내지만 네 다리가 날 때부터 나무나 풀 위에서 생활하여 비교적 생태적 위치가 안정되기 때문인 것으로 보입니다. 또한 주변 환경에 따라 변하는 보호색이 뛰어나 생존에 유리한 면도 있습니다.

여름에 시골에서 저녁을 먹고 평상에 누워 있으면 저 멀리서 청개구리 소리가 들려오곤 했습니다. 때로는 평화롭고, 때로는 청아하고 애잔한 그 소리…….

우리나라에는 두 종류의 청개구리가 살고 있습니다. 1980년, 일본의 과학자 구라모토는 전 세계에서 우리나라에서만 살고 있는(고유종) 청개

흡반

청개구리는 발가락이 둥글게 생겼는데, 이 안쪽을 현미경이나 돋보기로 보면 문어나 오징어의 빨판 같은 것이 많이 있는 것을 알 수 있습니다. 이것이 흡반입니다. 녀석은 이 흡반으로 나뭇잎이나 나무에 달라붙어 떨어지지 않고 이동할 수 있습니다. 마치 스파이더 맨처럼 말입니다.

청개구리의 흡반

수원청개구리의 흡반

구리를 수원 근처에서 발견하였습니다. 그래서 붙인 이름이 수원청개구리입니다. 수원청개구리는 수원을 기준으로 평택, 천안 등과 북으로는 경기도 인천, 남으로는 전라도의 서해안 평야 지대에서만 발견되는 청개구리입니다.

이 녀석은 외형으로는 청개구리와 구별하기가 어렵습니다. 그래서 과학자들은 우리나라 전역에 살고 있는 청개구리 무리와 일본에 살고 있는 청개구리 무리 그리고 수원청개구리를 채집하여 유전자를 분석해 보았습니다. 그 결과, 우리나라의 청개구리와 일본의 청개구리는 4촌쯤

되는 가까운 사이였지만 수원청개구리는 전혀 다른 종인 것으로 나타났습니다. 그래서 청개구리와 수원청개구리는 같은 논에 살고 있어도 서로 교잡이 일어나지 않습니다.

수원청개구리는 어떻게 수원을 중심으로 그 좁은 지역에서 살게 되었을까요? 여기에는 많은 가설이 있지만 아직도 확실한 정설은 없습니다. 현재 수원청개구리는 수원에는 많이 없고, 오히려 다른 지역에 더 많이 살고 있습니다.

어린 시절 시골에서 무심코 들었던 청개구리 소리, 그땐 그것이 귀한 줄 몰랐습니다. 과거보다 살기 좋아진 것은 사실이지만 한편으로는 우리도 모르는 사이에 많은 것을 잃어가고 있는 것은 아닌가 걱정이 됩니다. 우리는 아름다운 정서와 순수하고 여유로운 마음을 잊은 채 살고 있는 것이 아닐까요?

고생대에는 삼엽충이 살았고, 중생대 쥐라기 공원에는 공룡이 살았으며, 신생대는 사람들이 지구를 지배하고 있습니다. 만약 미래에 외계인이 지구를 정복하여 학생들에게 생물을 가르친다면, 신생대에는 인간이 가장 번성하여 살았지만 자기들의 욕심으로 환경을 오염시키는 바람에 가장 짧게 살다간 생물이라고 말하지나 않을까요?

올 봄에도 시골의 못자리에서 청아한 청개구리 소리를 듣고 싶습니다.

● 청개구리의 서식지

따뜻한 5월이 되면 논을 갈고 물을 대어 못자리를 만듭니다.

모판에서 모가 싱싱하게 자라고 있습니다. 조금 더 자라면 모내기가 시작됩니다.

모내기를 한 논의 모습입니다. 이맘때쯤 청개구리가 논에 나타나 힘차게 울면서 짝짓기를 하고 알을 낳습니다.

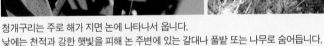

청개구리는 주로 해가 지면 논에 나타나서 웁니다.
낮에는 천적과 강한 햇빛을 피해 논 주변에 있는 갈대나 풀밭 또는 나무로 숨어듭니다.

청개구리가 숨는 곳입니다. 그러나 이런 곳도 안전하지는 않습니다.
이런 곳은 청개구리를 노리는 무자치와 유혈목이가 많습니다.

정원이나 산사에 가보면 큰 절구통에 연꽃과 물풀을 키우는 것을 볼 수 있습니다.
이런 고인 물은 청개구리의 훌륭한 산란지입니다.
녀석은 흡반이 있어 이런 곳에 알을 낳을 수 있고, 올챙이도 여기에서 잘 자랄 수 있습니다.

● 청개구리의 생태

겨울잠에서 막 깨어난 청개구리입니다. 주변 환경과 잘 어울려 발견하기가 어렵습니다.
청개구리의 등 색깔은 원래 청색이나 녹색인데, 겨울잠을 잘 때나 잠에서 막 깨어났을 땐 갈색과
검은색이 혼합된 얼룩무늬를 띱니다.
녀석은 주변 환경에 따라 녹색부터 회색까지 몸 색깔을 다양하게 바꿀 수 있습니다.
하지만 앞다리에 흡반이 있고, 늘어진 검은 빛깔의 울음주머니가 있는 턱 밑을 보면 청개구리라
는 것을 금방 알 수 있습니다.

수컷은 짝짓기를 할 때 암컷의 앞다리 밑을 잡습니다.

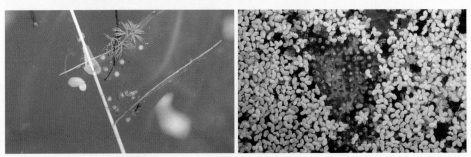

청개구리는 알을 한꺼번에 낳지 않고, 이리저리 옮겨 다니면서 낳습니다.
낳은 알은 물풀이나 흙에 부착하지만, 붙일 만한 곳이 없을 때는 덩어리로 놔두기도 합니다.

1 2
3 4
5

청개구리의 발생 과정

수컷은 울음주머니가 있어 턱 밑이 검고 주름져 있습니다.

암컷은 울음주머니가 없어 턱 밑이 매끈하고 배와 색이 같습니다.

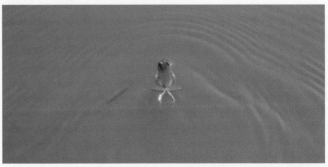

청개구리는 물에서 헤엄도 잘 칩니다.

아! 세 번의 시도 끝에
평택에서 만난 수원청개구리

　　　　　　　2008년 5월 30일, 나는 가족들과 함께 충남 아산의 현충사 옆에 있었습니다. 몇 년 전부터 모내기를 하는 5월만 되면 나는 청개구리를 보러 논으로 가고 싶어 안달이 나곤 했습니다. 그것도 그냥 청개구리가 아닌 전 세계에서 우리나라에만 살고 있다는 수원청개구리를 말입니다. 그래서 나는 해마다 이맘때만 되면 밖으로 나갑니다.

　　수원청개구리를 처음 알게 된 것은 1996년입니다. 그 후 사진이나 녹음된 소리로만 접하면서 언젠가는 꼭 녀석을 보고야 말겠다고 마음속으로 간절히 바라고 있었습니다. 그리고 2008년, 드디어 수원청개구리의 실체를 직접 확인하기 위해 온 가족을 데리고 외출하게 된 것입니다.

내가 그냥 "청개구리를 관찰하러 가자"고 하면 온 가족이 안 간다는 것을 잘 알기 때문에 몇 주 전부터 5월 말에는 꼭 아산을 가자고 말을 해 놓았습니다. 아산 쪽에는 처제가 살고 있기 때문입니다. 특히 딸의 마음을 얻는 것이 중요하기 때문에 미리 이야기를 하여 단단히 약속을 잡아 두었습니다.

차는 경부고속도로를 지나 이순신 장군이 태어난 곳, 충남 아산으로 향하고 있었습니다. 아산을 목적지로 정한 이유는 수원청개구리의 서식지가 주로 아산, 천안, 평택, 인천 등지의 평야 지대이기 때문입니다. 가족들을 처제 집에 내려주고 해가 질 무렵 주변의 논으로 향했습니다. 해가 지자 약속이나 한 것처럼 일제히 청개구리들이 울기 시작했습니다.

수원청개구리는 외형상으로는 청개구리와 구별하기가 어렵습니다. 그러나 울음소리를 들어보면 완전히 다르다는 것을 알 수 있습니다. 수원청개구리는 금속성의 쇳소리를 내며 청개구리보다 천천히 웁니다. 청개구리는 목 밑에 있는 울음주머니에 공기를 가득 넣고 빼면서 높고 빠른 소리로 "꽥, 꽥, 꽥, 꽥" 하고 웁니다. 반면 수원청개구리는 낮고 청아한 소리로 "챙, 챙, 챙, 챙" 하며 느리게 웁니다. 하지만 보통 사람들은 이를 구별하기가 쉽지 않습니다.

또 수원청개구리는 벼나 풀이 자라기 전에는 논두렁이나 흙 위에서 울지만, 모내기가 끝나고 벼가 자라기 시작하면 벼에 올라가서 앞다리

수원청개구리가 울 준비를 하고 있습니다.

로 벼를 잡고 웁니다. 이에 비하여 청개구리는 항상 논두렁과 나무, 흙 위에서 웁니다.

어둠이 짙어지자 청개구리들이 더욱더 맹렬하게 울기 시작했습니다. 청개구리들의 울음소리를 들으며 정신없이 셔터를 눌렀습니다. 여기저기서 여러 마리가 울고 있었습니다. 시간 가는 줄 모르고 많은 사진을 찍었습니다. 시계를 확인해보니 눈 깜짝할 사이에 밤 12시가 지나고 있었습니다. 설레는 마음으로 카메라를 챙겨 집으로 돌아왔습니다. 찍은 사진들을 동호인들이 모인 카페에 올려 수원청개구리의 실체를 확인하고자 했습니다. 그런데 아뿔싸, 어렵게 찍은 사진들이 모두 수원청개구리가 아니고 그냥 청개구리라니!

결국 2008년에도 수원청개구리를 보지 못했습니다.

2009년 5월이 되었습니다. 이번에는 꼭 확인하리라 마음먹고 평택의 팽성으로 가족들을 데리고 출발하였습니다. 1박 2일로 일정을 잡고 차분히 찾아볼 생각이었습니다. 5월 30일 저녁, 숙소 근처의 논에서 많은 청개구리들이 울기 시작했습니다. 논두렁, 벼와 바위 위, 나무 위에서 힘차게 울고 있는 녀석들의 사진을 찍다 무심코 하늘을 보니 새 한 마리가 지나가고 있었습니다. 시간은 이미 밤 11시가 넘어가고 있었습니다. 깜깜한 논 한가운데 혼자 서 있으려니 문득 가족들이 생각나 짐을 챙겨 숙소로 돌아왔습니다.

찍은 사진을 카페에 올려 여러 전문가들의 조언을 들으니 이번에도 허탕인 것 같았습니다. 나는 오기가 발동했습니다. '다른 사람들은 다 보는데 왜 나 혼자만 보지 못할까?' 이대로 물러서기는 싫었습니다.

6월 5일, 다시 평택으로 갔습니다. 이번에는 차를 아산만 가까이에 주차하고 느긋하게 찾아보기로 했습니다. 해가 지자 청개구리 울음소리가 여기저기서 들리기 시작했습니다. 그때 평소와는 다른, 수원청개구리의 것으로 짐작되는 울음소리가 가까이에서 들렸습니다. 순간 "아, 이 녀석이야!" 하고 혼자 소리를 지르고는 반사적으로 카메라를 급히 조준

벼를 움켜쥐고 울고 있는 수원청개구리입니다.
처음으로 수원청개구리를 발견하고 찍은 사진입니다.

하어 셔터를 눌렀습니다. 벼를 앞발로 움켜쥐고 '내가 수원청개구리요'
하고 신나게 울어대는 녀석이 바로 눈앞에 있었습니다.

노란 울음주머니, 귀여운 앞발, 부드러운 피부, 그리고 낮으면서도 느
린 소리, "챙, 챙, 챙. 챙……." 분명 이 녀석은 수원청개구리가 확실했습
니다. 그렇게 찾아 헤매던 녀석을 오늘에서야 보게 되다니! 논 한가운데
서 혼자 춤을 추었습니다. 2009년 6월 7일 저녁 8시 35분, 아직도 그 순
간을 잊지 못합니다.

사진을 찍자마자 바로 짐을 챙겨 숙소로 돌아왔습니다. 내일은 출근
을 해야 했기 때문에 가족들을 데리고 다시 대전으로 돌아갔습니다. 평

소에는 밤 운전을 잘 하지 않는데 그날은 전혀 피곤하지 않아서 운전대를 잡았습니다. 대전에 도착하자마자 카페에 사진을 올리니 이번에는 진품 수원청개구리라고 합니다. 수원청개구리의 실체를 조금이나마 알게 된 것 같아 기뻤습니다.

청개구리는 4~7월이 산란 시기이지만, 수원청개구리는 5~7월에 산란을 합니다. 서식지도 큰 차이를 보이는데 청개구리는 전국에 분포하면서 논과 야산이 있는 곳을 좋아하는 반면, 수원청개구리는 평야 지대를 선호하여 경기도의 서남부 쪽, 충청도와 전라북도의 평야 지대에 주로 서식합니다. 수원청개구리는 청개구리와 마찬가지로 알을 한꺼번에 낳지 않고 이동하면서 낳으며, 수초나 그루터기에 몇 개씩 알을 붙여둡니다. 수원청개구리 알은 점성이 약해 낱개로 있거나 물 위로 떠오릅니다.

오래전 우리나라와 중국이 서로 붙어 있었을 때, 경기도 부근과 전라도 쪽은 중국의 동남쪽과 같은 지역이었습니다. 이때 수원청개구리는 우리나라와 중국에 같이 살았던 것으로 예상됩니다. 그러다가 땅이 갈라지면서 이 청개구리들이 서로 떨어진 듯합니다. 이후 서식하는 환경의 차이로 오랜 시간이 지나다 보니 둘은 완전히 다른 종으로 분화된 것 같습니다. 청개구리와 수원청개구리는 어쩌면 먼 과거에는 같은 종이 아니었을까요?

앞에서 말했듯이 수원청개구리는 일본의 과학자 구라모토가 1980년에 수원 근처에서 발견하였습니다. 그 뒤로 울음소리는 어떻게 분화되었는지, 왜 분포 지역이 좁은지, 청개구리와는 울음소리 외에 어떤 것들이 다른지, 지금까지도 과학자들의 연구가 계속되고 있습니다. 조만간 이들의 실체가 더 정확히 밝혀질 듯합니다.

2009년은 그토록 보고 싶었던 수원청개구리를 만나 내 나름대로는 큰 의미가 있던 해였습니다. 수원청개구리의 신비한 세계를 앞으로 좀 더 알게 된다면 좋겠습니다. 아이들이 좋아하는 만화 영화나 게임의 주인공으로 등장하기도 하는 청개구리가 아무쪼록 우리 곁에 계속 머물면서 함께했으면 좋겠습니다.

● 수원청개구리의 서식지

수원청개구리의 서식지는 넓은 논이 있는 평야 지대로, 녀석은 모내기가 끝날 때쯤 논에 모여 들
어 울고 짝짓기를 한 후 산란합니다.

● 수원청개구리의 생태

수컷이 앞다리로 암컷의 겨드랑이를 껴안고 있습니다.
수컷의 자극으로 암컷이 산란을 하면 수컷이 정자를 방출하여 수정을 합니다.

수원청개구리 알은 청개구리 알처럼 작아서 잘 보이지 않습니다. 한 마리가 300~700여 개의 알을 낳습니다.

수원청개구리 올챙이

수원청개구리 수컷

수원청개구리 암컷

● 수원청개구리와 청개구리 비교

수원청개구리는 벼나 풀이 자라기 전에는 논두렁이나 흙 위에서 울지만, 모내기가 끝나고 벼가 자라기 시작하면 벼에 올라가서 앞다리로 벼를 잡고 웁니다.

청개구리는 주로 논두렁이나 흙 위에서 웁니다.

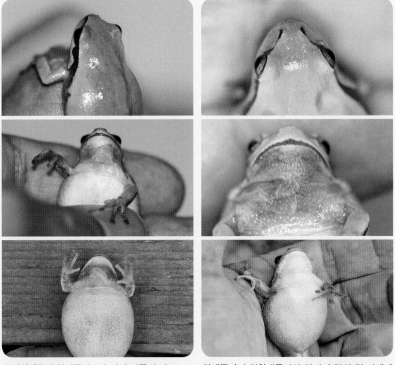

수원청개구리 청개구리보다 머리 앞쪽이 더 뾰족합니다. 수컷은 턱 아래에 있는 울음주머니가 노란색을 띠고 있는 것이 많습니다.

청개구리 수원청개구리와 달리 수컷의 턱 아래에 검은색 주름이 있습니다.

대청호반의 무당개구리를 찾아서

　　　　　　　　　한가한 토요일 오후, 나는 종종 대청호 주변
으로 향하곤 합니다. 신탄진에서 출발하여 보조 댐을 지나 삼거리에서
우회전을 하면 추동리로 가는 '대청호수길'이 나옵니다. 이곳은 항상 한
가하고 또 대청호의 운치를 가장 잘 느낄 수 있는 곳이라 자주 가곤 합
니다.

　삼정리, 효평리를 지나서 좌회전하면 '찬샘마을'이라는 고즈넉한 시골
마을이 나오는데, 이 마을도 다른 마을처럼 작은 길을 따라가다 보면 층
층의 다랑이 논(계단식 논)이 나옵니다. 그곳에는 높지도 낮지도 않은 노고
산을 뒤로하고 30여 채의 집이 옹기종기 모여 있으며, 작은 시냇물도 흐
르고 있습니다. 이 찬샘마을에 5월이 되면 무당개구리들이 많이 모여듭

니다. 모내기를 하기 위해 논을 갈고 물을 채우면 이곳에서 무당개구리들이 짝짓기를 하고 알을 낳습니다.

무당개구리는 대체로 어른들이 더 잘 알고 있습니다. 아무래도 생김새가 특이하여 그런 듯합니다. 배는 붉은 바탕에 검은색 무늬가 있고, 살고 있는 지역에 따라 다양한 색깔을 띱니다. 강원도 쪽 무당개구리는 녹색을 많이 띠고 있으며, 충청도나 전라도 쪽으로 갈수록 어두운 갈색 바탕에 녹색을 띱니다. 피부는 오톨도톨하여 매끈하지 않고, 손으로 잡으면 매운 물질과 냄새를 분비하여 자신을 방어합니다. 이 물질에는 독이 들어 있습니다.

무당개구리는 5월에서 8월 사이, 비 온 후에 생긴 물웅덩이에서도 짝짓기를 하고 알을 낳는데, 이런 곳은 물이 곧장 마르기 때문에 알이 금방 죽습니다. 그래서 녀석들은 주로 모를 준비하는 논이나 계곡의 물이 고인 곳에서 알을 낳으며, 한꺼번에 낳지 않고 서너 개씩 혹은 다섯 개에서 열네 개씩 물풀이나 나무뿌리에 붙여 낳습니다. 짝짓기를 하는 개체는 나무줄기 잡기, 산란, 정자 방출, 회전의 순서로 산란을 하는데, 특히 회전을 하면 알을 물풀이나 수초에 단단히 부착시킬 수가 있습니다. 무당개구리 알은 약 40일이 지나면 새끼 개구리가 됩니다.

무당개구리는 가끔 특이한 행동을 보이기도 합니다. 녀석은 까치나 뱀들이 주변에 나타나면 빠른 동작으로 배를 드러내고 발랑 눕습니다.

무당개구리의 배

붉은 배를 보여주면서 '내 몸에 독이 있으니 덤빌 테면 덤벼라' 하고 과시하는 것입니다. 이런 무당개구리를 공격하면 독성 물질이 나옵니다. 이 물질은 공격자의 입을 타고 들어가 몸에 나쁜 영향을 끼칩니다. 그러면 까치나 뱀은 다시는 무당개구리를 먹으려 하지 않습니다. 이것을 '조건적 미각 기피 현상'이라고 합니다.

무당개구리를 만지면 고추처럼 매운 물이 나온다고 해서 '고추개구리'라고도 하며, 북한에서는 '비단개구리'라고도 합니다. 우리는 몸 색깔이 화려하고 붉은 바탕의 배에 검은색 무늬가 있다고 해서 무당개구리라고 하는데, 북한에서는 배가 부드럽고 색깔이 고와서 비단개구리라고 하는 것 같습니다.

무당개구리는 환경에 적응을 잘해서 1급수의 맑은 계곡뿐만 아니라 지저분한 곳에서도 잘 삽니다. 그래서 개체 수도 많은 편입니다. 특히 강원도 계곡에는 아직도 많은 수가 있어 우리나라에서 가장 관찰하기 쉬운 개구리이기도 합니다. 그렇지만 농촌의 수로가 시멘트로 바뀌고 도로가 아스팔트로 포장 되면서 무당개구리에게도 위기가 찾아왔습니다. 산란기에 이동을 하다가 도로 위에서 차에 치어 죽고, 새끼가 다시 산이나 들로 이동하면서 또 많이 죽습니다. 간혹 시멘트로 된 수로에 빠져 죽기도 합니다.

농촌의 물웅덩이, 작은 저수지, 연못 등은 논에 물을 대는 중요한 역할을 할 뿐만 아니라 동물들에게도 중요한 서식처가 됩니다. 이런 곳에는 개구리와 잠자리가 와서 알을 낳고, 물방개, 물장군, 물자라 등이 살며, 물뱀과 유혈목이가 서식하고, 고마리, 검정말, 해캄이 자랍니다. 그야말로 작은 생태계를 담은 소우주인 것입니다.

하지만 사람들은 농지를 정리하여 바둑판 모양으로 만들더니 물웅덩이를 메우고 관정을 뚫어놓기까지 했습니다. 이는 명백히 생태계의 고리를 자르는 일입니다.

또한 물웅덩이와 논은 생태계를 공부하기에 가장 좋은 학습 장소입니다. 봄, 여름, 가을, 겨울, 시기와 상관없이 논에 가면 누구나 생태학자가 될 수 있습니다. 논에 모를 심으면 벼와 물풀, 개구리밥이 어울려 잘 자라며 이윽고 많은 곤충들이 나타납니다. 6, 7월이 되면 청개구리, 참개구리, 물뱀이 나타나고 메뚜기도 보입니다. 9월, 벼가 익어갈 무렵에는 참새, 비둘기가 나타납니다. 가을걷이가 끝난 논에는 겨울의 진객인 두루미나 독수리가 나타납니다.

2008년 경남 창원에서 열린 '람사르협약'에서도 논의 생태계를 주요 의제로 다루지 않았던가요? 물웅덩이, 연못, 계곡, 시냇물, 논, 습지는 우리의 영원한 보물입니다.

● 무당개구리의 서식지

논, 산간의 연못, 물웅덩이, 계곡, 비 온 후 물 고인 곳 등은 무당개구리가 좋아하는 산란지입니다.

● 무당개구리의 생태

산란기가 되면 수컷은 작은 소리로 암컷을 부릅니다. 울음주머니는 발달하지 않았지만 울 때 목 밑이 움직이는 것을 볼 수 있습니다.

다른 수컷 개구리들이 암컷의 앞다리 아래를 잡는 것과 달리 무당개구리 수컷은 암컷의 허리를 잡고 짝짓기를 합니다.

무당개구리 알

무당개구리 올챙이는 위에서 보면 눈은 안쪽에 있고, 꼬리에는 얼룩무늬가 있습니다. 배가 투명해서 내장이 보입니다.

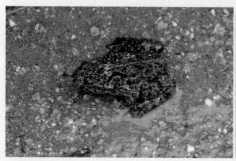

무당개구리 수컷

암컷은 알을 가지고 있어 배가 부릅니다.

● 무당개구리 수컷과 암컷 비교

	수컷	암컷

수컷

암컷

등

올록볼록한 피부가 조밀하게 배열되어 있습니다.

올록볼록한 피부가 넓게 배열되어 있습니다.

앞다리

다리가 짧고, 뒷면에 까칠까칠한 생식혹이 있습니다.

다리가 가늘고 길며, 생식혹이 없고, 끝에 붉은 무늬가 선명하게 보입니다.

뒷다리

물갈퀴의 면적이 넓습니다.

물갈퀴의 면적이 좁습니다.

아산, 청주, 세종특별시에서
금개구리를 만나다

　　　　　　　　　『삼국유사』와 『삼국사기』에는 개구리와 관
련된 내용이 나옵니다. 특히 주몽 탄생 설화에서 금와왕에 대한 이야기
는 오늘날의 금개구리를 말하는 것이 아닐까 생각합니다. 금개구리는
일찍이 멸종위기종으로 지정되어 보호를 받아왔습니다. 그래서 각종
공사 현장이나 경지 정리를 하는 곳에 금개구리가 나타나면 공사를 멈
추고 보존 지역으로 만들거나 아니면 금개구리를 주변의 다른 서식지
로 옮겨야 했습니다. 이 때문에 금개구리는 언제나 이야깃거리가 되어
우리의 꾸준한 관심을 받고 있습니다.

　2008년 10월 4일, 나는 지금은 청주시에 통합된 충북 청원에 있었습
니다. 금개구리를 관찰하기 위해서입니다. 금개구리는 산간 계곡이나

산 아래의 논보다는 넓은 평야 지대의 논이나 농수로를 좋아해서 그런 곳에서 주로 살아갑니다. 청원 주변에는 비교적 넓은 논과 농수로가 많아 금개구리가 살기에 좋습니다.

금개구리의 배는 노란색을 띠며, 등의 가장자리에는 굵고 긴 금색 줄이 두 줄 있습니다. 등과 옆쪽은 녹색을 띠고 있어 습지나 논에서 자라는 물풀과 잘 어울립니다. 이러한 보호색으로 금개구리는 천적들로부터 자신을 보호합니다. 물을 좋아하여 겨울잠을 자러가는 시간 외에는 물에서 떠나지 않습니다.

2009년 5월 3일, 2009년 6월 9일, 2010년 6월 6일, 2012년 5월 4일에는 충남 아산시의 아산만을 찾아갔습니다. 아산만 역시 주변이 매우 넓은 평야 지대이며, 논이 많아 금개구리들이 살기에 적합한 곳입니다. 이곳은 갈 때마다 나에게 많은 것을 알려주곤 합니다.

낮에 이곳의 농수로를 따라 걷고 있으면 귀여운 금개구리들이 보입니다. 금개구리는 겁이 없어서 도망을 잘 가지 않아 사진을 찍기에도 좋고 관찰을 하기에도 좋습니다. 밤에 논둑길로 가면 아주 특이한 금개구리의 울음소리가 들려옵니다. "쪽, 쪽, 꾸우우욱", "쪽, 꾸우욱" 하면서 한 마리가 여러 소리를 냅니다.

금개구리 알은 쉽게 볼 수 없어 관찰하기 어렵습니다. 2011년 5월 23일, 충북 청원에서 금개구리를 관찰하던 중 운 좋게도 물풀과 나뭇가지 사이에 있는 작은 알을 볼 수 있었습니다.

금개구리는 5~7월에 서식지 주변의 물속에서 짝짓기를 합니다. 한 번에 50~200여 개의 알이 들어 있는 알덩어리를 이동하면서 낳는데 알은 모두 열 개쯤 낳습니다. 이렇게 한 쌍이 낳는 알은 500~2000여 개가 됩니다. 금개구리 알은 점성이 약해 논이나 저수지의 물풀 위에 붙여놓으며 2~3개월이 지나면 올챙이를 거쳐 작은 개구리가 됩니다. 올챙이 역시 어미처럼 꼬리에 선명한 금색 줄무늬가 두 줄 있고, 새끼 개구리도 멀리 이동하지 않고 물속이나 물 주변의 풀 속에서 살다가 겨울에 주변의 논이나 제방, 산 밑 등으로 이동하여 흙 속에서 겨울잠을 잡니다.

2011년, 세종특별자치시를 건설하는 과정에서 금개구리가 많이 발견되어 공사를 중단하고 논과 주변을 그대로 살린 적이 있었습니다. 물론 전체 서식지 중에서 모든 부분을 보존한 것은 아니었고, 보존 구역 바깥에서 살고 있던 금개구리들은 포획하여 다른 곳으로 옮겼다고 합니다. 그래도 꽤 넓은 지역의 논과 풀이 그대로 유지되고 있어 다행이라고 생각합니다.

2015년 7월 26일 저녁, 나는 세종특별자치시에 있었습니다. 다른 곳으로 옮겨진 녀석들이 잘 살고 있는지 관찰하던 참이었습니다. 때마침 논의 가장자리에서 짝짓기를 하고 있는 금개구리들이 보였습니다. 금개구리 암컷, 수컷, 알, 올챙이 등은 모두 보았지만 짝짓기를 하는 모습은 그때가 처음이었습니다. 급히 카메라를 꺼내어 사진을 찍은 후, 자세히 관찰을 해보았습니다. 여느 개구리들의 짝짓기와 달리 특이한 점은 수컷이 암컷보다 매우 작다는 사실이었습니다. 대부분의 개구리들도 수컷이 암컷보다 작지만, 금개구리는 수컷이 너무 작은 나머지 암컷의 겨드랑이가 아닌 배 쪽을 잡고 있었습니다. 마치 어미가 아기를 업고 있는 것 같았습니다.

가끔 금개구리는 참개구리와 짝짓기를 할 때도 있습니다. 하지만 소리나 여러 특징으로 상대방이 다른 종이라는 것을 알아내는지 금방 짝짓기를 풀어버립니다. 금개구리와 참개구리는 외관상 비슷하게 보여서 과거에는 같은 종으로 인식되기도 했습니다. 그러나 참개구리는 등에 선명한 줄이 세 줄 있고, 금개구리는 등의 가장자리에 두 줄이 있습니다. 그리고 참개구리의 등에는 세로로 작은 돌기가 많이 나 있습니다. 또 금개구리는 물과 물 주변에서 생활하는 반면, 참개구리는 물뿐만 아니라 그 주변의 풀밭과 산에서도 생활합니다.

번식지에 살고 있는 금개구리 암컷과 수컷의 크기를 측정한 결과, 암컷은 평균 43밀리미터, 수컷은 33밀리미터로 암컷이 더 크다는 것을 알 수 있었습니다. 또한 금개구리 성체의 몸에 발신기를 달아 어디에서 겨울잠을 자는지 알아보았더니, 습지 주변의 무논과 육화된 저수지, 제방 아래 등에서 자는 것으로 나타났습니다. 성체는 10월 말에 겨울잠을 자고, 이듬해 3월 말이나 4월이 되면 겨울잠에서 깨어납니다.

이날은 보고 싶었던 금개구리의 짝짓기 모습을 봐서 참 좋았습니다. 무언가를 간절히 원하면 그것이 자연스럽게 내게 찾아온다는 진리를 다시 한 번 느낀 하루였습니다.

요즘 금개구리는 큰 시련을 겪고 있습니다. 도시가 점점 커지고, 논이나 밭을 메워 도로와 건물을 짓는 일이 전국적으로 늘어나다 보니 금개구리가 살 터전이 자꾸 줄어들고 있습니다. 생태계는 모두 하나로 연결되어 있는 것이 아닌가요? 사람의 편의도 중요하지만 생물이 한 종, 두 종 사라지다 보면 생태계는 단순화되고, 단순화된 생태계는 오래가지 못한다는 사실을 우리는 너무도 잘 알고 있습니다.

행운을 상징하는 금개구리가 생태계의 일원으로서 우리와 함께 오래오래 살아가면 좋겠습니다.

● 금개구리의 서식지

금개구리는 물이 고인 둠벙이나 저수지를 좋아해서 1년 내내 이런 곳에서 생활합니다.
녀석은 물속에서 고개만 내밀고 있다가 가끔 물 주변의 땅 위에 나와 있기도 하는데, 이때도 멀
리 가지 않고 침입자가 나타나면 바로 물속으로 풍덩 들어갑니다.

● 금개구리의 생태

금개구리의 짝짓기

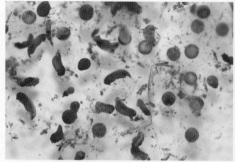

금개구리 알은 바로 발생을 시작하여 오뚝이 모양이 됩니다.   금개구리 올챙이는 눈이 머리의 가장자리에 있습니다.

새끼 금개구리는 어미와 매우 닮았습니다. 생활하는 장소도 비슷하여 물가를 떠나지 않고 물속이나 물 주변의
풀 속에서 삽니다.

암컷과 수컷 모두 배가 노란색을 띠고 있습니다.

● 금개구리 수컷과 암컷 비교

	수컷	암컷

몸의
크기

암컷보다 작습니다.

수컷보다 크고 통통합니다.

고막과
눈의 크기

고막이 눈보다 작습니다.

고막이 눈보다 큽니다.

앞발가락

굵고 짧습니다. 첫 번째 마디에 굵은 생식혹이
있습니다. 북방산개구리처럼 선명하지는 않지만
그래도 암수를 구별할 수 있을 정도는 됩니다.

가늘고 길쭉합니다.

갑천과 옴개구리

대전에는 3대 하천이 있습니다. 유등천, 대전천, 갑천입니다. 이 가운데 우리 집 근처를 흐르는 가장 긴 갑천을 따라 가끔 산책하곤 합니다. 갑천의 하류는 사람의 손길이 닿아 제방이 직선화되어 있고 물의 높이도 일정합니다. 하지만 자연미가 없어 잘 가진 않고, 나는 주로 자연 하천 구간인 가수원동과 월평동 구간을 찾습니다. 이곳은 우리나라의 전형적인 하천인 사행천(蛇行川, 뱀이 기어가듯 구불구불한 형태의 강)입니다.

갑천 옆에는 갯버들, 버드나무 등이 있습니다. 하천의 가장자리에는 크지도 작지도 않은 갈대밭과 부들 그리고 환삼덩굴이 감싸고 있습니다. 이 갑천에 6월이 되면 버드나무의 고목에 구멍을 뚫고 알을 낳는 딱

따구리가 나타납니다. 딱따구리는 집 짓기 선수입니다. 암수가 번갈아 가면서 집을 짓는데 그 소리가 마치 조용한 산사의 목탁 소리 같습니다.

따가운 햇살이 내리쬐는 6월, 밤이 되면 조용한 물가의 모래톱이나 자갈밭에 배가 하얀 개구리가 나타납니다. 갈색을 띤 이 녀석은 몸에 오돌토돌한 돌기가 나 있는데, 그 모습이 마치 '옴'이 오른 사람의 피부 같다고 하여 이름이 '옴개구리'입니다. 옴개구리는 여느 개구리들과 달리 첫인상이 약간 징그럽습니다. 모습도 그렇고 피부도 곱지 않아서 사람들의 사랑을 받지 못합니다.

녀석은 깨끗한 계곡과 하천, 연못, 저수지뿐만 아니라 지저분한 개골창 등에서도 살아가는 개구리로 오염에 강한 편입니다.

옴개구리는 양쪽 배 부근에 좁쌀 모양의 돌기가 나 있습니다. 등은 검은빛을 띤 갈색 바탕에 검고 짧은 가로무늬가 불규칙하게 있으며, 주변 환경에 따라 약간씩 다른 색을 띠기도 합니다. 배는 흰 바탕에 검은 점이 여럿 있고, 배의 가장자리는 노란색을 띱니다. 손으로 만지면 무당개구리와 같은 냄새가 나며, 몸에 독성이 있어 스스로를 보호합니다.

물속에 모여 겨울잠을 자던 녀석들은 4월 말이면 깨어납니다. 그리고 6~7월에 하천이나 연못의 가장자리에 모여 울고 짝짓기를 합니다. 수컷은 울음주머니가 발달하지 않아서 낮고 탁하게 "따르르르 따르르르 따르르르" 하며 불규칙한 소리를 냅니다. 한 마리가 여러 소리를 내기도 하

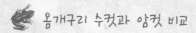
옴개구리 수컷과 암컷 비교

	수컷	암컷
앞다리	생식혹이 있음	생식혹이 없음
울음주머니	없지만 울 때 아래턱이 나옴	울지 못함
몸의 크기	암컷보다 작음	수컷보다 큼

고, 또 떼를 지어 울기 때문에 무척 시끄럽게 들립니다. 주로 수컷은 배를 들고 울고, 암컷은 배를 땅에 붙이고 있어 쉽게 구별됩니다.

수컷끼리는 약 30여 센티미터 떨어져 지내며, 수컷이 암컷보다 많습니다. 수컷은 온도가 높은 곳보다 서늘한 곳을 더 좋아하는데, 이는 온도가 낮을수록 울음소리가 더 굵고 우렁차기 때문입니다. 암컷에게 정확하게 소리를 전달해야 수컷은 짝짓기를 잘할 수 있습니다.

짝짓기를 한 후 옴개구리는 물이 고여 있는 논의 가장자리, 연못, 습지 등에 700~2500여 개의 알을 낳습니다. 알은 점성이 약해 덩어리가 풀어지므로 물풀이나 나뭇가지, 수생식물 등에 여러 개씩 나누어 붙입니다.

옴개구리 알은 발생이 시작되고 약 40일이 지나면 뒷다리와 앞다리가 나오고 꼬리가 줄어들면서 새끼 개구리가 됩니다. 그러나 옴개구리는 어느 개구리와 달리 번식 기간이 길어 올챙이로 물속에서 겨울을 나기도 합니다. 번식 기간이 길다는 것은 그만큼 환경에 적응을 잘했다는 뜻이겠지요. 옴개구리가 여전히 많은 개체 수를 유지하고 있는 이유는 이처럼 번식 기간이 길고, 강, 하천, 저수지, 계곡 등 다양한 환경에서 잘 적응하기 때문이라고 생각합니다.

옴개구리 올챙이를 위에서 내려다보면 눈은 머리의 안쪽에 있으며, 물이 나오는 기문은 왼쪽에 있고, 항문은 오른쪽을 향해 있는 것을 볼 수 있습니다.

올챙이는 물풀과 유기물을 먹고 자라며, 대부분 8~9월에 새끼 개구리가 되어 연못 주변으로 돌아갑니다.

백로나 뱀은 옴개구리 성체와 올챙이를 잡아먹기도 하는데 무당개구리처럼 그리 좋아하는 먹잇감은 아닙니다.

옴개구리는 다양한 곳에서 살아가고 있지만 오염이 점점 심해지면서 이들의 생존도 더 이상 보장할 수 없게 되었습니다. 해충을 없애기 위해 쓰는 농약, 영양분을 공급하는 데 사용하는 비료 그리고 곳곳에서 나오는 폐수 등, 이러한 것들이 개구리의 생명을 위협하고 있습니다. 생태계는 '안정'을 좋아합니다. 생태계의 중간고리인 1차, 2차 소비자가 사라지면 안정된 생태계를 유지하기가 어려워집니다. 동물이든 식물이든 인간이든 척박한 환경이나 냄새나고 불결한 것을 싫어합니다. 깨끗한 자연 상태를 좋아하기는 옴개구리도 마찬가지일 것입니다.

● 옴개구리의 서식지

옴개구리의 서식지와 산란지입니다. 녀석은 살던 곳에서 멀리 이동하지 않고 살아갑니다.

옴개구리는 서식지의 물속으로 들어가 겨울잠을 잡니다.

앞다리에 생식혹을 가진 옴개구리 수컷은 짝짓기를 할 때 암컷의 겨드랑이를 껴안습니다.

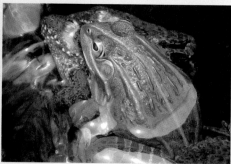

참개구리 수컷이 잘못 알고 옴개구리와 짝짓기를 하고 있습니다.

123 옴개구리 알

늦게 낳은 알은 올챙이 상태로 물속에서 겨울을 보내고 이듬해 작은 개구리가 됩니다.

옴개구리 수컷

수컷은 울음주머니가 발달하지 않았지만 울 때 자세히 보면 목 아래가 볼록하게 나오는 것을 볼 수 있습니다.

옴개구리 암컷

생태계의 무법자, 황소개구리

1960~70년대 우리나라는 먹고 사는 문제에 몸부림치고 있었습니다. 그래서 당시 정부의 모든 시책은 '잘살아 보자'에 맞추어져 있었습니다. 그런 가운데 정부에서는 농민들의 소득 증대와 국민들의 단백질 공급 차원에서 1971년, 일본에서 황소개구리를 대량으로 들여와 사육하였습니다. 하지만 뚜렷한 소비처가 없자 이 황소개구리들을 하천이나 강으로 방류하게 되었습니다. 얼마 지나지 않아 녀석들은 전국의 강, 냇가, 호수로 퍼져 물고기, 곤충, 양서류, 파충류, 소형 포유류까지 잡아먹게 되었고 그렇게 생태계의 무법자가 되었습니다. 그래서 한때 전국적으로 '황소개구리 소탕 작전'을 벌이기도 하였습니다.

황소개구리는 원산지가 미국의 남캐롤라이나 주로, 우리나라의 토종 개구리보다 그 크기와 몸무게가 훨씬 큽니다. 큰 녀석은 머리에서 다리 끝까지의 길이가 약 40센티미터까지 자라기도 합니다. 대체로 암컷이 수컷보다 크고, 등은 녹색과 어두운 갈색이 섞여 있으며 검은색 무늬가 퍼져 있습니다.

황소개구리는 흐르는 물보다는 물풀이 많이 있는 고인 물을 좋아하여 저수지, 연못, 습지 등에서 살아갑니다. 먹이는 주로 곤충, 물고기, 개구리, 작은 뱀 등이며 그 종류가 무려 140여 종이나 됩니다.

녀석은 5월에서 9월에 걸쳐 짝짓기를 하고 알을 낳습니다. 황소개구리 암수는 습지에 모여 짝짓기를 하는데, 이때 수컷이 "우우웅 우우웅" 하고 마치 황소 울음소리와 같은 소리를 낸다고 해서 '황소개구리'라는 이름이 붙었습니다.

수컷은 공기를 넣고 빼면서 큰 소리를 반복해서 내며, 이 울음소리를 듣고 암컷이 오면 짝짓기가 이루어집니다. 알은 물풀이 많고 물의 흐름이 약한 곳에서 낳고, 작게는 몇천 개에서 많게는 몇만 개까지 낳습니다.

또한 황소개구리 알은 부화율이 높고 발생을 잘하여 많은 수가 한꺼번에 번식을 합니다. 9월에 늦게 낳은 알은 올챙이 상태로 물속에서 겨울잠을 자고 이듬해에 자랍니다. 이렇듯 일부 올챙이들은 변태를 다 마치지 못한 채 저수지나 연못 아래에서 겨울을 납니다.

황소개구리 올챙이는 여느 개구리들 올챙이의 크기가 3~4센티미터인 데 반해 5~10센티미터까지 자라기 때문에 겉모습만 봐도 황소개구리 올챙이라는 것을 쉽게 알 수 있습니다. 등은 누런빛을 띤 갈색 바탕에 작은 검은색 점이 많으며, 꼬리에도 검은 점이 많이 있습니다. 올챙이를 위에서 보면 눈은 머리의 안쪽에 있고, 물이 나오는 기문이 왼쪽으로 뚫려 있으며, 항문은 오른쪽을 향해 있습니다.

황소개구리 유생은 뒷다리가 먼저 나온 뒤 앞다리가 나오고 그다음 꼬리가 짧아집니다. 입 아래쪽은 녹색을 띠며, 물속보다는 물풀 위나 물가의 흙 위로 주로 나와 있습니다. 포식자나 사람이 접근하면 멀리서도 알아차리고 "꽥 꽥 꽥" 하는 소리와 함께 잽싸게 물로 뛰어듭니다. 어린 황소개구리는 금개구리와 비슷하게 생겼습니다.

황소개구리는 강원도 일부 지역을 제외한 전국에 퍼져 있으며 북한과 일부 섬 지역에도 서식하고 있습니다. 녀석이 이렇게 전국적으로 퍼진 이유는 무엇일까요? 우선 녀석은 먹이 활동이 왕성합니다. 게다가 우리나라에 처음 들여왔을 때는 뚜렷한 천적이 없었고, 알의 수도 많아서 짧은 시간에 대량으로 급속하게 번식할 수가 있었습니다. 하지만 점차 황소개구리 성체와 알 그리고 올챙이의 천적이 나타나면서 지금은 초기보다 많은 수가 줄어들었고 우리나라 생태계의 한 고리를 이루며 살게 되었습니다.

한때 토종 메기가 황소개구리를 잡아먹는다는 것이 알려지면서 주목을 받기도 했고, 또 두꺼비가 황소개구리의 천적이라고 알려진 적도 있었습니다. 두꺼비나 산개구리들은 짝짓기 철에 움직이는 물체를 보면 올라타 껴안는 습성이 있는데, 두꺼비가 움직이는 황소개구리를 보고 동족으로 착각하여 올라타 껴안았던 것입니다. 그러면 두꺼비에 있는 독 성분이 황소개구리에게 전달되어서 황소개구리가 죽을 수도 있습니다. 하지만 이런 현상이 자연 상태에서 일어날 확률은 극소수에 지나지 않습니다. 따라서 두꺼비를 이용하여 황소개구리를 퇴치하는 방법은 어렵다고 볼 수 있겠습니다.

황소개구리 말고도 우리나라에 들어와 살고 있는 외국 동물(귀화동물)이 많이 있습니다. 물고기로는 베스, 블루길이 있으며, 파충류에는 붉은귀거북이 있습니다. 이들은 모두 식성이 왕성하고 먹이양이 많아 주변의 생태계에 큰 위협을 주고 있습니다. 황소개구리는 이제 어느 정도 우리나라 생태계에 적응을 했다지만 다른 동식물들은 아직도 문제점이 많습니다.

외국에서 동식물을 들여올 때는 항상 세심한 주의가 필요합니다. 요즘은 외국 동물들이 애완용으로 많은 인기를 얻고 있습니다. 물론 인기도 중요하지만 이들이 자연에 방사되었을 때를 생각하여 더욱더 치밀하게 살펴야 할 것입니다.

● 황소개구리의 서식지

황소개구리의 서식지이자 번식지입니다.

● 황소개구리의 생태

황소개구리 알

황소개구리 올챙이

황소개구리 유생의 몸은 갈색이나 회색 바탕에 검은 점이 많습니다.

황소개구리 수컷

황소개구리 암컷

	수컷	암컷
고막과 눈의 크기	 고막이 눈보다 큽니다.	 고막이 눈보다 작습니다.
앞다리	 생식혹이 볼록하게 나와 있습니다.	 생식혹이 없어 매끈합니다.
턱 밑 색깔	 노란색을 띕니다.	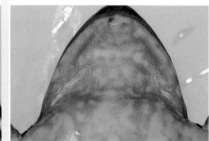 흰색을 띕니다.

맹꽁이가 '맹꽁이'인 이유

6월 장마가 시작되었습니다. 우리나라의 총 강수량 중 많은 양이 장마철에 집중되어 있습니다. 수업이 끝난 조용한 교정, 멀리서 희미하게 "맹, 꽁" 하는 소리가 들려옵니다. 퇴근하는 길에 소리가 나는 쪽으로 살금살금 가보니 음악실 뒤 하수구에서 맹꽁이가 울고 있습니다.

'맹꽁이'란 별명은 좋은 의미보다는 나쁜 의미로 주로 사용됩니다. 야무지지 못해 툭하면 잊어버린다든지, 하는 행동이 답답한 사람에게 맹꽁이라고들 합니다. 그런데 이런 것과는 어울리지 않게 맹꽁이는 신비한 동물입니다. 녀석은 아직도 자세히 밝혀지지 않은 부분이 많아서 탐구하면 탐구할수록 흥미로운 녀석입니다.

4월이 되면 겨울잠을 쿨쿨 자던 맹꽁이는 땅 밖으로 잠깐 나와 먹이를 먹고 다시 땅속으로 들어갑니다. 녀석은 뒷다리가 길고 근육이 발달하여 땅을 잘 팔 수 있습니다.

2011년 8월 3일, 맹꽁이가 어떻게 땅을 파는지 궁금하여 맹꽁이의 서식지에 가서 관찰을 해보았습니다. 해가 지고 조금 있으려니 머리를 뾰족 내밀고 주변을 살피던 맹꽁이가 조심스럽게 땅에서 나왔습니다.

맹꽁이는 주로 밤에 다니면서 먹이 활동을 하고, 해가 뜨기 직전에 다시 땅을 파고 들어갑니다. 다른 개구리들은 겨울잠을 자러 가기 전까지는 땅속으로 들어가지 않는데 맹꽁이는 낮에 땅속에 들어가 있습니다.

땅을 파는 모습을 자세히 보니 앞다리를 흙에 고정시키고 마치 엉덩이로 글씨를 쓰듯 좌우로 흔들면서 땅을 팝니다. 2센티미터쯤 파 들어가면 몸 위에 흙을 덮고, 180도 회전하면서 다시 땅을 팝니다. 그렇게 흙을 위로 밀어내면서 5~10센티미터까지 들어갑니다.

맹꽁이는 보통 물웅덩이 주변의 밭이나 논 속으로 숨어 들어가는데 논보다는 흙을 파기 좋은 밭에 잘 숨습니다. 그래서 맹꽁이를 '쟁기발개구리'라고도 합니다.

이렇게 땅속으로 들어간 녀석은 봄이 지나도록 땅속에서 잠만 쿨쿨 잡니다. 그러다 장마가 시작되어 물이 어느 정도 고이면 비가 떨어지는 소리를 듣거나 습도의 변화를 감지하고 땅속에서 나옵니다. 그리고 물

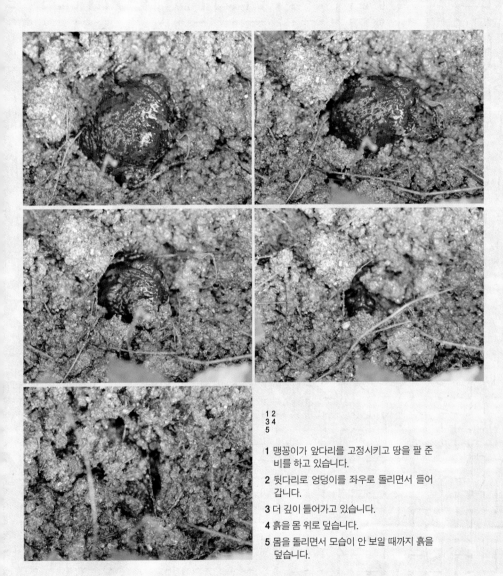

1 2
3 4
5

1 맹꽁이가 앞다리를 고정시키고 땅을 팔 준비를 하고 있습니다.
2 뒷다리로 엉덩이를 좌우로 돌리면서 들어갑니다.
3 더 깊이 들어가고 있습니다.
4 흙을 몸 위로 덮습니다.
5 몸을 돌리면서 모습이 안 보일 때까지 흙을 덮습니다.

웅덩이 쪽으로 모여들기 시작합니다. 밤이 되면 녀석들은 턱 밑에 발달한 울음주머니에 공기를 넣고 빼면서 "맹", "꽁" 하고 웁니다.

그런데 맹꽁이 소리를 잘 들어보면 "맹" 하는 녀석은 계속 "맹", "맹", "맹" 하고, "꽁" 하는 녀석은 계속 "꽁", "꽁", "꽁" 합니다. 두 마리가 있을 때는 한 마리가 "맹" 하면 옆에 있던 녀석이 잠시 후 "꽁" 하고 웁니다. 여러 마리가 있을 때는 반은 "맹", 반은 "꽁" 하고 웁니다. 처음에는 서로 리듬을 잘 맞추지 못하지만 몇 차례 운 뒤에는 합창단처럼 전체가 화음을 잘 맞추어 크게 웁니다. 그래서 우리 귀에는 "맹꽁", "맹꽁"으로 들립니다. 맹꽁이가 이렇게 우는 까닭은 옆에 있는 암컷에게 자기의 소리를 정확하게 전달하기 위함입니다.

맹꽁이 암컷이 그 소리를 듣고 수컷에게 다가오면 짝짓기가 시작되는데, 수컷은 앞다리가 매우 짧아 짝짓기가 쉽지 않습니다. 그래서 수컷은 배에서 나오는 접착제 같은 물질로 암컷의 몸에 자신의 몸을 붙입니다. 맹꽁이는 평균적으로 수컷이 2~4년, 암컷이 3년일 때 생식에 참여합니다.

짝짓기를 한 후 몇 시간이 지나면 알을 낳습니다. 맹꽁이 알은 여느 개구리 알과 달리 낳자마자 하나씩 떨어져 물 위로 떠오릅니다. 알 주변의 우무질은 마치 볼록렌즈와 같은 역할을 하여 알을 빨리 발생하게 합니다. 그래서 맹꽁이 알은 다른 개구리 알보다 훨씬 빨리 발생이 진행됩니다. 여느 개구리들 알이 3일에서 5일쯤 걸려서 하는 부화를 맹꽁이는 하루 만에 끝내며, 다른 개구리들의 절반도 안 되는 시간에 새끼 맹꽁이가 됩니다. 가장 늦게 발생을 시작하여 가장 빨리 마치는 맹꽁이, 이것이 바로 맹꽁이가 살아가는 전략입니다. 녀석이 이런 방식에 적응한 이유는 종족을 유지하는 데 유리하기 때문입니다.

맹꽁이는 고막이 잘 보이지 않아서 관찰하기 어렵지만 그래도 짝의 소리는 잘 들을 수 있습니다. 먹이로는 주로 딱정벌레, 파리와 같은 움직이는 작은 곤충들과 거미를 좋아하며, 먹이가 지나가면 재빨리 몸을 움직여 혀를 쭉 내밀어 순식간에 낚아챕니다. 또한 맹꽁이 올챙이는 여느 개구리와 달리 이빨이 없습니다.

 맹꽁이 올챙이

맹꽁이 올챙이는 이빨이 없는 대신 입술이 딱딱하여 입술이 이빨 역할을 합니다.
녀석은 물속의 작은 플랑크톤이나 미생물은 입으로 마셔버리고 물풀이나 나뭇잎은 단단한 입술로 갈아서 먹습니다.
머리는 크고 납작하며, 눈은 머리의 가장자리에 있습니다.

맹꽁이 올챙이

맹꽁이는 밭이나 논의 부드러운 흙 속을 좋아하지만 제주도에서는 바위나 돌 밑으로 들어가서 겨울잠을 잡니다. 수명은 약 10년입니다.

한여름에 두엄이 썩어가면서 고인 물, 미나리꽝의 더러운 물, 하수도의 지저분한 물속에서도 맹꽁이는 잘 살아왔습니다. 이런 곳에서도 맹꽁이가 잘 살아갈 수 있었던 이유는 무엇일까요?

맹꽁이 알은 물 위에 한 겹으로 얇고 넓게 퍼져 있습니다. 그렇게 떠 있으면 아무래도 물의 영향을 덜 받기 때문이 아닐까요? 또 우리가 보기에는 더럽고 지저분한 물이지만 하수도나 두엄이 썩어가는 물에는 온갖 종류의 곤충과 벌레들이 많으니 맹꽁이의 먹잇감이 풍부한 곳이기도 합니다.

내년에도 귀여운 맹꽁이를 만날 수 있으면 좋겠습니다. "맹" "꽁" "맹" "꽁."

● 맹꽁이의 서식지

논이나 밭, 강 또는 제방 근처의 저지대에 일시적인 비로 물이 고이면 여기에서 맹꽁이의 산란이
이루어집니다.

놀이터나 공원의 물웅덩이 또는 학교 운동장 주변의 배수로도 맹꽁이의 훌륭한 산란지입니다.

● 맹꽁이의 생태

수컷이 암컷의 움직임을 느끼고 접근하여 짝짓기를 합니다.
암컷은 수컷보다 약간 큽니다.

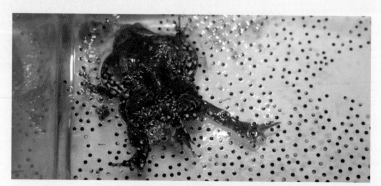

수컷은 암컷의 배를 자극하여 알을 낳게 합니다. 첫 번째 알이 나오면 수컷이 다리를 옴츠리고
정자를 방출합니다. 암컷은 이동을 하면서 알을 낳습니다.

맹꽁이 알은 물 위로 떠올라 퍼집니다.

1 2
3 4
5

맹꽁이의 발생 과정입니다. 수온이나 빛의 양에 따라 약간
의 차이는 있지만 맹꽁이 알은 낳고 나서 약 20일 후에 새
끼 맹꽁이가 됩니다.

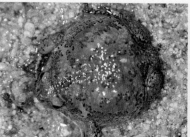

맹꽁이 성체는 여느 개구리와 달리 몸이 찐빵처럼 팽팽하게 부풀어 있고, 다리와 머리가 짧은 편입니다. 몸은 누런빛을 띤 갈색 바탕에 검은 점이 많으며, 주변 환경에 따라 색깔이 변하기도 합니다.

산란기가 되면 수컷은 울음주머니를 가득 부풀려서 큰 소리로 웁니다.

색소 결핍으로 알비노 맹꽁이가 태어날 수도 있습니다.

도롱뇽

오름에서 만난 제주도롱뇽 관찰기

제주도롱뇽은 서식지의 특성상 자주 관찰하기는 어렵습니다. 그래서 해마다 2월만 되면 제주도롱뇽을 보러 제주도에 가고 싶은 충동이 듭니다. 다행히 나는 직업이 교사라 방학인 1월과 2월은 조금 여유가 있습니다.

그에 앞서 2012년 11월 10일, 같은 학교에서 근무하는 선생님들과 함께 제주도로 여행을 가게 되었습니다. 11월은 기온이 낮아 양서류가 겨울잠을 자러 가는 시기이지만, 이왕이면 제주도롱뇽이 어디에서 잠을 자는지 꼭 보고 싶었습니다.

여행을 가기 며칠 전, 제주도에서 교직생활을 하면서 양서류도 연구하시는 제주여자고등학교의 고영민 선생님께 연락을 하였습니다. 우리

학교 선생님들께는 미리 양해를 구하고 하루만 시간을 내어 고영민 선생님과 함께 제주도롱뇽의 서식지를 탐사하기로 하였습니다.

우리는 검은오름 아래에서 만나 탐사를 시작했습니다. 검은오름의 정상에는 분화구의 흔적이 남아 있어 가운데가 오목합니다. 비나 눈이 오면 그곳에 물이 고여 도롱뇽이나 개구리들이 산란을 하기에 좋은 장소가 됩니다. 그 주변에는 돌이 많은데 그 돌 아래에서 제주도롱뇽과 개구리들이 겨울잠을 자고 있었습니다.

다음은 정물오름 아래로 이동했습니다. 이곳은 검은오름과 달리 아래쪽에 연못이 있고 그 주변에 갈대와 풀이 많이 있었습니다. 산란을 하러 오는 개구리와 제주도롱뇽들이 휴식을 취하기에 제격인 곳이었습니다. 곧이어 개구리와 뱀이 많이 서식한다는 서귀포 주변으로 이동했습니다. 제주도는 어디를 가나 현무암이 많습니다. 서귀포 주변에도 작은 나무와 갈대, 현무암이 많아서 뱀이 서식하기에 적합합니다.

다음은 제주도의 유명한 폭포 가운데 하나인 엉또폭포로 향했습니다. 제주도는 화산 지대라 물이 고여 있지 않고 스며듭니다. 보통 때는 숲으로 둘러싸여 있는 엉또폭포는 한바탕 비가 쏟아져야만 위용 넘치는 자태를 드러냅니다. 하지만 그 주변에는 작은 계곡이 있고, 움푹한 곳에 물이 고여 있어 개구리와 도롱뇽들이 알을 낳기에 좋은 조건을 갖추고 있습니다. 엉또폭포 위쪽으로는 나무들이 무성한 나무들 사이로 노란 감귤이 탐스럽게 자라고 있었습니다.

　폭포의 중간쯤에는 엉또 산장이 있습니다. 그곳은 누구든 들어가서 손수 커피와 차를 타 마실 수 있고, 알아서 돈을 놓고 나오는 무인 가게입니다. 탐사를 마치고 엉또 산장에 들러 따뜻한 커피 한 잔을 마시고 있는데 저 멀리 이곳에서 만나기로 한 우리 학교 선생님들이 보였습니다.

　두 번째 제주도 탐사는 2014년 2월 23일에 이루어졌습니다. 지난번 탐사처럼 이번에도 미리 고영민 선생님께 연락을 했더니 언제라도 안내를 해주겠다고 하셨습니다.

　2월 23일 11시쯤에 제주국제공항에 도착하였습니다. 선생님께서는 아드님과 함께 마중을 나와 계셨습니다. 선생님의 아드님이 운전을 하고 우리는 뒤에 앉았습니다. 탐사를 하러 가기 전에 순댓국 집에 들러 점심을 먹었습니다. 순댓국에 곁들여 마신 막걸리 한 잔은 천하일품이었습니다.

　식사를 끝낸 뒤 우리는 바로 탐사 장소로 향했습니다. 이번 탐사의 목적은 제주도롱뇽의 실체와 알을 관찰하는 것이었습니다. 우리가 정한 탐사 장소는 높은 지대에 있는 오름과 낮은 지대에 있는 연못입니다. 때마침 제주도롱뇽의 산란기였던지라 도착한 곳 주변의 큰 돌을 들어 올리는 순간 밑에 숨어 있던 제주도롱뇽을 여러 마리 볼 수 있었습니다.

돌을 들어 올리는 순간 발견한 제주도롱뇽

　제주도롱뇽 수컷은 검은색이나 갈색을 띤 몸에 꼬리가 넓고 긴 것이 특징입니다. 암컷은 산란기가 되면 배가 불룩해지며, 꼬리가 끝으로 갈수록 가느다랗고 뾰족해지는 것이 특징입니다. 또한 암컷의 몸 색깔은 주로 누런빛을 띤 밝은 갈색인데 주변 환경이나 조건에 따라 색깔이 변합니다.

　숲속의 물웅덩이에서는 많은 녀석들이 모여 알을 낳는 것을 볼 수 있었습니다. 그곳 주변의 수초나 나뭇가지에는 튜브처럼 생긴 둥글고 투명한 제주도롱뇽 알이 주렁주렁 붙어 있었습니다. 또 돌 밑이나 흙 속에도 알이 있었습니다.

　제주도롱뇽은 물속의 물풀이나 나뭇가지에 알을 두 덩어리씩 붙여 낳습니다. 알덩어리 하나에 30~50여 개의 알이 들어 있으니 100여 개의 알의 낳는 셈입니다. 낳은 알은 바로 발생을 시작하여 자랍니다.

제주도롱뇽도 도롱뇽처럼 주변에서 위협을 가하면 꼬리를 곧추세우는 방어 행동을 취합니다. 우연히 마주친 한 마리가 꼬리를 곧추세우고 한참 있었습니다.

제주도롱뇽은 도롱뇽과 크기와 형태가 비슷합니다. 다만 도롱뇽은 위턱 중간에 이빨이 20~44개이지만 제주도롱뇽은 20~51개로 더 많다는 것이 다른 점입니다. 또한 도롱뇽과 달리 제주도롱뇽은 제주도와 전라도 남부, 경남 거제와 통영 등에서만 삽니다.

탐사를 마친 후, 고 선생님이 근무하는 학교에 잠깐 들렀습니다. 학교는 아담하고 깨끗하게 잘 정돈되어 있었습니다. 우리를 안내해준 아드님은 먼저 집으로 돌아가고 선생님과 나는 선생님이 잘 가신다는 식당으로 향했습니다.

우리는 들어가자마자 생선찌개와 제주 막걸리를 시켰습니다. 탐사 후에 마시는 막걸리는 참 꿀맛입니다. 선생님과 나는 같은 과목을 가르치는 교사이자 양서류를 연구하는 사람들이라 함께 이야기를 나누면 끝이 없습니다. 밤새도록 막걸리와 개구리, 도롱뇽 이야기로 시간을 보냈습니다. 2014년에는 선생님 덕분에 제주도롱뇽도 관찰하고 많은 이야기를 나누어 좋았습니다. 올해도 선생님께 전화를 하고 싶습니다.

● 제주도롱뇽의 서식지

제주도롱뇽은 따뜻한 1월 말이나 2월 초가 되면 물이 고인 오름이나 연못 등에서 알을 낳습니다.
제주도에는 물이 고인 장소가 많지 않아 이런 곳에 도롱뇽들이 집단으로 모여 알을 낳습니다.

● 제주도롱뇽의 생태

1 돌 밑에 있는 알
2 나뭇가지에 붙어 있는 알
3 물속에 있는 알

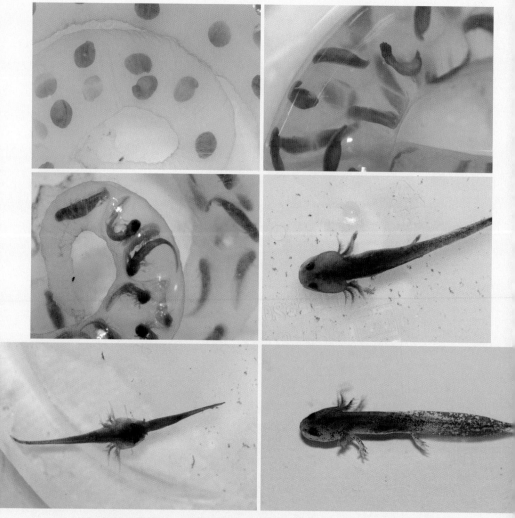

1	2
3	4
5	6

1 2 3 제주도롱뇽 알은 오뚝이 모양, 물고기 모양을 거친 후 알주머니 끝부분으로 나옵니다. **4** 개구리와 달리 앞다리가 먼저 나오고 뒷다리가 나옵니다. 알주머니에서 나온 녀석은 물속의 유기물이나 움직이는 작은 벌레를 잡아먹습니다. **5** 먹이가 부족하면 서로 잡아먹기도 합니다. **6** 위 사진의 올챙이는 아가미가 몸 밖으로 나와 있습니다.

위쪽이 암컷입니다.
암컷은 꼬리가 가늘고 뾰족합니다.

오른쪽이 수컷입니다.
수컷은 꼬리가 넓은 것이 특징입니다.

평소에는 꼬리를 땅에 붙이고 있다가 위협이 닥치면 갑자기 꼬리를 곧추세웁니다.
이런 행동은 자신을 적이나 포식자로부터 크게 보여 피해를 당하지 않기 위한 것으로 보입니다.
마치 수탉들이 싸울 때 목의 털을 빳빳이 세우는 것과 같다고 할까요.

도롱뇽을 찾아
대전의 월평공원으로

          대전에 있는 3대 하천 중 가장 정감이 가는 곳이 바로 우리 집 쪽으로 흐르는 갑천입니다. 갑천 중에서도 자연 하천 구간인 월평공원 쪽을 나는 가장 좋아합니다. 언제부터인가 나는 매주 월평공원을 가지 않으면 궁금해서 못 견디게 되었습니다. 월평공원은 우리 집에서 차로 10분 거리에 있습니다.

  몇 년 전 생태 전문가들과 함께 갑천과 월평공원 구역을 조사하였는데, 그때 우리는 도심 속 공원에서 그렇게 다양한 동물과 식물이 살고 있으리라고는 상상도 하지 못했습니다. 월평공원과 갑천은 천연기념물인 미호종개, 황조롱이, 원앙, 새매, 개구리매 그리고 멸종위기종으로 지정된 흰목물떼새와 맹꽁이가 살고 있으며, 희귀종으로는 이삭귀개,

123 걷기 좋은 월평공원의 풍경

갯버들   화사한 갯버들의 붉은 꽃밥

늦반딧불이 등이 살고 있고, 한때는 수달도 살았던, 그야말로 도심 속
자연 생태 공원입니다.

　자연 하천이 시작되는 부근에 차를 세워두고 입구부터 걸어갔습니
다. 입구에 있는 커다란 미루나무 한 그루는 봄, 여름, 가을까지 잎이 무
성하여 더위를 피하면서 쉴 수 있는 사랑방 같은 곳입니다. 입구를 지나
면 길 양옆으로 갯버들이 피어 있고, 소박하고 아담한 습지가 있습니다.

2월이면 어디서 왔는지 이곳에 제일 먼저 북방산개구리가 찾아와 "호로로롱 호로로롱" 울면서 짝을 찾습니다. 그리고 조금 있으면 두꺼비가 찾아와 "뿅뿅뿅 뿅뿅뿅" 하며 울다가 짝짓기를 하고 알을 낳은 뒤 산으로 올라갑니다. 두꺼비란 녀석은 알을 낳은 곳에 항상 다시 찾아오는 습성이 있습니다.

두꺼비와 북방산개구리가 알을 낳고 올라갈 즈음, 월평공원의 계곡에 도롱뇽들이 슬금슬금 나타나기 시작합니다. 겨우내 숲속의 바위 밑, 나뭇잎 밑, 이끼 속에 숨어 있던 녀석들이 3월 중순이 되면 일제히 계곡 쪽으로 몰려오기 시작합니다. 계곡의 물속에는 물풀과 나뭇가지, 돌들이 많아 알을 낳아 붙일 수 있고, 또 어린 도롱뇽들의 먹이가 되는 플라나리아와 작은 물속 곤충들이 풍부하며, 주변에 나무도 많습니다.

봄, 여름, 가을에 물웅덩이 주변이나 계곡 옆의 야산에서 먹이를 먹고 살을 찌운 도롱뇽들은 10월 말이 되어 추워지면 돌 밑이나 죽은 나무 밑에 들어가서 겨울잠을 잡니다.

'도롱뇽은 어떻게 물웅덩이를 찾아와서 번식을 할까?' 너무도 궁금해 학생들과 함께 이 문제에 대해 조사해보기로 했습니다. 먼저 이곳저곳을 돌아다니면서 도롱뇽이 어디에서 알을 낳는지를 알아보았습니다. 녀석들은 주로 물의 흐름이 약하고 물이 고여 있는 계곡에서 알을 낳았습니다. 우리는 월평공원의 계곡 안에서 작년에 도롱뇽들이 가장 많이 알을 낳았던 곳을 찾아 그곳의 온도, 습도, 지온, 수온 등을 일주일에 두 차례씩 조사하였습니다.

그렇게 한 달을 조사한 결과, 도롱뇽이 번식하는 습지는 평균 온도 17도, 수온 9도, 습도는 56퍼센트, 강수량은 4밀리미터인 것으로 나타났습니다. 이 결과를 바탕으로 도롱뇽들은 비가 온 직후 습도가 적절한 때에 한꺼번에 이동한다는 것을 알게 되었습니다.

한편, 도롱뇽들이 어떻게 번식지로 오는지도 알아보았습니다. 번식지를 찾아오는 녀석들은 비가 온 직후 평소 물이 잘 흐르는 곳에서 많이 발견되었습니다. 녀석들은 물길을 이용하여 번식지 쪽으로 이동하는 듯했습니다.

또 도롱뇽의 번식지에 암컷과 수컷 중 누가 먼저 찾아오는지도 관찰하였는데, 수컷이 먼저 와서 터를 잡으면 며칠 후 암컷이 온다는 사실을 알게 되었습니다. 대체로 암컷은 알이 있어 배가 불룩하며 몸무게가 많이 나가고, 수컷은 꼬리가 길고 넓은 것으로 조사되었습니다. 또한 수컷과 암컷의 비율은 약 3대 1로 수컷이 암컷보다 수가 많은 것으로 나타났습니다.

도롱뇽은 알을 두 덩이씩 낳으며, 한 덩이에 30~60여 개의 알이 들어 있습니다. 알덩어리는 마치 투명한 작은 도넛처럼 생겼습니다. 녀석은 알을 낳자마자 물풀, 나뭇가지, 돌 등에 붙여놓으며, 나뭇가지를 서로

🦎 도롱뇽 관찰 실험

1 월평공원에서 도롱뇽들이 가장 좋아하는 장소에서 실험을 하였습니다. 2 수온 측정 3 습도와 온도 측정 4 지온 측정 5 도롱뇽 알 개수 세기 6 무게 측정 7 암수 감별 8 길이 측정

※ 도롱뇽의 채집 및 실험은 관할 관공서의 허가를 얻은 후에 진행하였으며, 실험이 끝난 후에는 자연으로 방사하였습니다.

차지하려고 종종 싸우기도 하지만 시간이 지나면 사이좋게 알을 붙입니다. 알을 붙이는 이유는 큰물과 포식자로부터 알을 지키기 위함입니다. 큰물이 내려와도 돌은 끄떡없기에 나뭇가지나 물풀보다 돌이 더 안전합니다. 도롱뇽 알은 처음에는 작지만 물이 들어가면 튜브처럼 부풀어 오릅니다.

도롱뇽의 산란은 암컷이 산란할 곳을 정한 후 알의 끝을 나무나 돌에 부착시키면서 시작됩니다. 수컷이 이를 인지하여 알을 부여잡고 정자를 방출하면 수정이 됩니다. 도롱뇽 알은 물의 온도가 높을수록 발생이 빨리 진행됩니다. 2월에 산란한 알은 약 40일, 3월에 산란한 알은 약 30일, 4월 이후에 산란한 알은 약 20일에 걸쳐 부화가 됩니다.

도롱뇽 알은 부착된 곳의 반대쪽에 구멍이 뚫리면서 부화합니다. 부화한 유생은 물속에 있는 작은 플랑크톤이나 미생물을 먹고 자라며, 주변에 먹이가 부족하면 동족을 잡아먹기도 합니다.

개구리 올챙이와 달리 도롱뇽 올챙이는 한동안 아가미가 외부로 나와 있어 산소 호흡을 하며, 앞다리가 먼저 나오고 뒷다리가 나옵니다. 수컷의 몸무게는 약 6.5그램이고, 암컷은 8그램으로 수컷보다 더 무겁습니다. 이는 산란기에 암컷이 알을 가지고 있기 때문입니다.

도롱뇽의 수명은 약 10년이며, 암컷은 3~7년생이, 수컷은 3~5년생이 번식에 참여하는 것으로 알려져 있습니다. 땅에서 생활할 때에는 지렁

삿갓사초 / 참취 / 찔레나무 / 돌나물 / 조팝나무 / 세잎양지꽃

이, 거미, 작은 곤충 등을 먹고, 물속에서는 옆새우, 강도래류 등을 잡아 먹습니다.

도롱뇽이 알을 낳는 물웅덩이 주변에는 참취, 개나리, 싸리나무, 삿갓 사초, 미나리, 애기똥풀 등이 자라고 있었습니다. 참취를 한 잎 따서 냄 새를 맡아보면 향기가 그만입니다.

물 위에서는 소금쟁이가 헤엄을 치면서 놀고, 물속에서는 플라나리아 와 가재가 한가로이 놉니다. 소금쟁이는 짝짓기를 한 상태로도 물에 빠 지지 않고 헤엄을 잘 치며, 가재는 튼튼한 앞다리를 자랑하다가도 사람 이 나타나면 수줍어서 얼른 돌 밑으로 숨습니다. 지나가던 박새가 우리 의 탐구 모습이 신기한지 한참 지켜보고 있기도 합니다.

관찰을 하고 있으면 사람들이 와서 구경하기도 하고, 우리가 하는 일을 신기하게 생각하여 직접 도와주기도 합니다. 과자며 음료수를 학생들에게 주고 가는 분들도 있었습니다. 모두 월평공원을 사랑하는 사람들이라고 생각합니다.

봄에는 온갖 꽃들이 만발하고, 여름이 오면 시원함을 선사해주며, 가을에는 철새들의 놀이터가 되는 곳, 월평공원의 새봄이 기다려집니다.

::: 들여다보기!

● 도롱뇽의 서식지

산 아래에는 물웅덩이가 여러 군데 있습니다. 먹이와 물이 항상 있는 이곳은 새와 개구리의 놀이
터입니다. 북방산개구리와 두꺼비가 알을 낳고 올라가면 도롱뇽들이 이곳으로 몰려듭니다.

● 도롱뇽의 생태

도롱뇽들이 겨울잠을 자는 장소   겨울잠을 자는 도롱뇽

물속에 있는 알

나뭇가지에 붙어 있는 알

도롱뇽 유생

위의 도롱뇽이 암컷이고, 아래가 수컷입니다. 암컷은 꼬리가 가늘고 뾰족합니다.

부산 기장의 고리원자력발전소와
고리도롱뇽

2011년 3월 26일, 새벽 5시에 눈이 떠졌습니다. 오늘은 몇 년 전부터 보고 싶었던 고리도롱뇽을 보러 가는 날입니다. 나는 이른 새벽, 식구들이 모두 잠자고 있는 시각에 일어나 세수를 하고, 조용히 아침밥을 차려 먹은 뒤 집을 나섰습니다.

청주의 '두꺼비 친구들'과 만나서 같이 부산으로 가자고 약속을 해놓은 터라 신탄진과 청주를 오가는 시내버스에 몸을 싣고 청주로 출발했습니다. 젊어 보이는 기사님 옆에 앉아서 이야기를 나눴는데 쉬는 날에는 마라톤을 한다고 하십니다. 대청호반 마라톤 대회와 다른 대회도 준비 중이라고 하셨습니다. 이야기를 하다 보니 어느덧 차는 청주에 진입해 있었습니다.

청주시 산남동 법원청사 앞에는 '두꺼비 생태문화관'이 있습니다. 이곳은 수많은 두꺼비의 산란지가 아파트 단지로 바뀔 운명에 처하자 환경보호자들이 나서서 지켜낸, 전국에서 유일한 장소입니다. 사람과 양서류가 공존하는 생태 교육의 모범 장소로 꼽히는 이곳에서 근무하시는 박완희 사무국장님을 만나 인사를 나눈 뒤 멀리 부산 고리를 향해 출발했습니다.

시원스레 뚫린 고속도로 옆 양지쪽에는 냉이와 쑥과 이름 모를 풀들이 고개를 내밀고 있습니다. 오후 1시까지 부산 고리에 도착해야 하기 때문에 시간이 빠듯합니다. 대화는 온통 개구리와 두꺼비 이야기입니다. 모처럼 합동 탐사라 지루하지 않습니다. 휴게소에 들러 우동으로 점심을 먹었습니다.

오후 1시 20분, 부산광역시 기장군 장안읍 효암리 봉화산 근처에 도착했습니다. 저 멀리 고리원자력발전소가 보였습니다. 일본은 지금 대규모 지진과 해일에 따른 원자력발전소의 방사능 누출 사고로 위급 상황에 처해 있습니다. '고리원자력 발전소는 과연 괜찮을까?' 이런저런 생각이 머릿속에 스칩니다.

현장에서 안내를 해줄 서산중앙고등학교의 김현태 선생님을 만났습니다. 선생님하고는 오래전부터 알고 지낸 사이라 무척 반가웠습니다. 곧이어 부산의 시민환경단체인 '생명그물팀'이 합류하여 모두 열두 명이 함께 현장으로 출발했습니다.

고리도롱뇽은 고리원자력발전소를 건설하는 과정에서 발견된 도롱뇽입니다. 녀석은 기존에 우리나라에 있던 도롱뇽과 제주도롱뇽, 꼬리치레도롱뇽과는 전혀 다른 새로운 종이라는 것이 밝혀지면서 지명에 따라 '고리도롱뇽'이란 이름이 붙었습니다. 고리도롱뇽은 부산시 기장군, 경남 울주군과 양산 등지에만 사는 것으로 보고되어 있습니다.

녀석은 도롱뇽이나 제주도롱뇽보다 전체 길이가 짧은 것이 특징인데, 특히 꼬리뼈의 수가 25~26개로 다른 도롱뇽보다 꼬리가 짧습니다. 보통 도롱뇽의 꼬리뼈 수는 26~30개입니다. 성체의 몸 색깔은 노란색 바탕에 검은색 무늬가 있거나 갈색 바탕에 흰색 작은 반점이 흩어져 있습니다.

고리도롱뇽은 2월 말에서 3월이 되면 물이 고인 습지나 논두렁 부근의 물웅덩이에 둥근 알을 두 덩이씩 낳으며, 발생 속도는 일반 도롱뇽과 비슷합니다. 암컷 한 마리가 알 두 덩이를 낳고, 알을 낳은 후에 암컷은 알 옆에 머무르기도 합니다.

그런데 왜 부산의 봉화산 근처에서만 고리도롱뇽을 볼 수 있는 걸까요? 아직도 고리도롱뇽에 대해선 밝혀지지 않은 부분이 많습니다. 고리 1, 2호기 원자력발전소 근처에서 고리도롱뇽이 발견된 이후 2005년에 신고리원자력 발전소가 건설되면서 고리도롱뇽은 절멸의 위기에 놓였습니다. 하지만 이때 다행히 인근 봉화산 기슭에 습지를 조성하여 '대체 서식지'를 만들었고, 고리도롱뇽을 그곳으로 옮겨 지금까지 잘 보호하고 있습니다.

그러나 2005년부터 2010년까지 기존의 서식지와 대체 서식지로 찾아오는 고리도롱뇽을 모니터링한 결과, 전체적으로 개체 수가 점점 줄고 있는 것으로 조사되었습니다. 또한 2015년도에도 대체 서식지와 자연 상태의 서식지를 각각 조사했는데, 대체 서식지보다는 자연 그대로의 계곡에 더 많은 도롱뇽과 알이 있는 것으로 나타났습니다. 녀석들은 역시 원래 자신들이 알을 낳고 번식했던 곳을 더 좋아하는 듯합니다.

고리도롱뇽은 우리나라 고유종으로 1990년에 최초로 채집되었고, 2003년에 신종으로 발표되었습니다. 녀석은 우리가 보호해야 할 보물입니다.

탐사를 마치고 버스에 오르니 고리원자력발전소의 불빛이 환하게 빛나고 있는 것이 보였습니다. 고리도롱뇽이 이곳에서 계속 살아갈 수 있었으면 좋겠습니다.

● 고리도롱뇽의 서식지

고리도롱뇽의 산란지입니다.
2월이면 겨울잠에서 깨어난 수컷이 먼저 산란지로 와서 암컷을 기다립니다.

고리도롱뇽의 대체 서식지입니다. 자연 그대로의 서식지는 많이 줄었지만 그 근처의 번식지와
대체 서식지에서 고리도롱뇽이 안전하게 살아갔으면 좋겠습니다.

● 고리도롱뇽의 생태

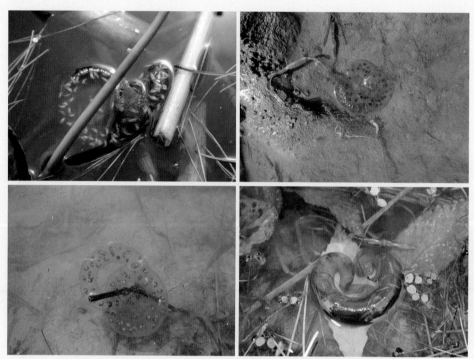

고리도롱뇽 알은 돌이나 나뭇가지, 물풀 등에 붙어 있고, 흙 속에 있는 것도 있습니다.

고리도롱뇽 유생은 아가미가 밖으로 나와 있습니다.

고리도롱뇽은 우리나라에 살고 있는 여느 도롱뇽들보다 크기가 좀 작습니다.
오른쪽의 배가 부른 녀석이 암컷입니다.

자신의 몸을 지키기 위해 꼬리를 곧추세우는 방어 행동을 보이기도 합니다.

대전을 세계에 알린 이끼도롱뇽과
그 알에 대한 최초 보고서

2008년 7월 26일 새벽, 전화벨이 울렸습니다. 서산 중앙고등학교에 근무하는 김현태 선생님이었습니다. 대전에 왔으니 이끼도롱뇽을 같이 보러 가자는 전화였습니다. 그때 나는 대전의 찬샘마을에서 아들, 아들 친구와 함께 원두막에서 잠을 자고 있었습니다. 잠에 빠져 있는 아이들을 급히 깨워 집으로 돌아왔습니다. 너무도 이끼도롱뇽이 보고 싶었기 때문입니다. 선생님은 나를 장태산으로 안내했습니다.

계곡에 도착해 주변의 돌을 하나씩 들추며 관찰하고 있는데 선생님이 바로 이끼도롱뇽을 찾아서 나에게 보여주었습니다. 아, 그렇게도 보고 싶었던 이끼도롱뇽을 드디어 만나다니! 요즘 양서류와 파충류에 푹

1 2 장태산 가는 길의 풍경

3월(왼쪽)과 8월(오른쪽)의 장태산 계곡과 저수지

빠져 있는 김현태 선생님은 예리한 관찰력과 쉼 없는 노력으로 많은 자료를 축적했고, 사진을 찍는 기술도 뛰어납니다. 그 열정에서 항상 많은 것을 배웁니다.

2001년 4월, 대전국제학교 교사인 스티븐 카슨은 아이들을 데리고 장태산으로 관찰을 하러 갔습니다. 평소에 양서류에 관심이 많았던 카슨은 계곡 근처의 돌 밑을 관찰하던 중 우연히 도롱뇽을 발견하게 되었습니다. 그때 카슨은 한국에서뿐만 아니라 아시아에서도 전혀 관찰되지 않았던 새로운 도롱뇽을 발견하고 깜짝 놀랐습니다.

카슨은 도롱뇽의 세계적인 권위자인 미국 캘리포니아 버클리대학교의 데이비드 웨이크 교수에게 이 소식을 전했고, 국내 양서류 전문가인 양서영, 민미숙 박사님과 함께 연구하고 분석한 끝에 그 도롱뇽이 아시아에서는 발견된 적이 없는 미주도롱뇽과의 도롱뇽이라는 사실을 밝혀냈습니다. 곧바로 과학 잡지 〈네이처〉에 이 내용이 실리게 되었습니다. 그 도롱뇽이 바로 이끼도롱뇽입니다.

'이끼도롱뇽'이란 이름은 습도가 높고 햇빛이 없는 시원한 계곡의 이끼가 많은 곳에서 서식한다고 해서 붙은 이름입니다.

그렇게 하여 내가 이 녀석을 처음 만난 날은 2008년 7월 26일 장태산으로 기록되었습니다.

대전의 장태산은 삼림이 울창하고 물이 깨끗하며 공기가 맑은 청정 지역입니다. 이끼도롱뇽은 계곡의 지류에 나무가 울창하고, 돌과 흙, 낙엽과 이끼가 풍성한 곳을 좋아합니다. 위에는 돌이나 낙엽이 있고, 아래에는 입자가 고운 흙이 있어 습도가 적당이 유지되는 곳이 이들의 주 서식지입니다. 그래서 이끼도롱뇽은 비가 온 다음날 돌 밑이나 낙엽 아래에서 쉽게 발견할 수 있습니다.

녀석들은 비가 오지 않고 건조한 날이 계속되면 돌무덤이나 낙엽 아래로 깊이 들어가 버립니다. 장태산의 잔돌을 들어내자 암수가 보였습니다. 암컷은 알을 가지고 있어 배가 불룩하며 수컷보다 덩치가 크고 깁니다.

이끼도롱뇽은 물속에 있는 것을 싫어하지만 뒷다리에 작은 물갈퀴가 있어 헤엄을 잘 칠 수 있습니다. 또한 우리나라의 여느 도롱뇽과 달리 이끼도롱뇽은 허파를 가지고 있지 않습니다. 허파가 없는 대신 피부로 호흡을 합니다. 현미경으로 피부를 관찰해보면 작은 구멍이 있는 것을 볼 수 있는데, 녀석은 이곳을 통해 호흡을 하는 것으로 추정됩니다.

몸 색깔은 전체적으로 어두운 갈색이며, 등에는 검은빛을 띤 짙은 갈색 무늬가 꼬리까지 연결되어 있습니다. 눈은 튀어나와 있고, 주로 작은 곤충을 먹습니다. 여느 도롱뇽과 달리 점프를 하는데, 이는 먹이를 잡거나 적을 피하기 위한 행동으로 보입니다. 또한 꼬리를 잡으면 도마뱀처럼 꼬리가 잘립니다. 이 역시 적으로부터 자신을 보호하는 수단입니다. 배설기는 오줌과 똥을 한꺼번에 배설하는 총배설강을 가지고 있습니다.

이끼도롱뇽이 발견되는 곳은 보통 환경이 잘 보존된 국립공원이나 도립공원입니다. 따라서 녀석이 발견된 곳은 그곳이 곧 청정 지역임을 의미합니다.

이끼도롱뇽의 외부 형태나 살아가는 환경은 어느 정도 밝혀졌지만 한 가지 밝혀지지 않은 것이 있습니다. 바로 녀석들이 어떻게 번식을 하는 가입니다. 이를 알아보기 위해 2014년과 2015년은 이끼도롱뇽의 관찰에 푹 빠져 있었습니다. 특별한 일이 없는 토요일이면 장태산에 가곤 했습니다. 봄, 여름, 가을, 겨울, 언제나 같은 길이었지만 길은 매일 다른 모습을 보여주었습니다.

어느 4월의 토요일, 길옆은 녹색 지대의 연속이었습니다. 연두색 단장을 한 나무와 산의 모습은 어디를 봐도 포근합니다. 이런 풍경을 보면서 장태산으로 향할 때면 항상 마음이 뿌듯합니다. 이끼도롱뇽이 나를 반겨줄 생각을 하니 더욱더 기분이 좋아졌습니다.

5월은 4월과 다르게 나무들이 연두색에서 푸른색으로 변신합니다. 그곳의 나무들은 이제 막 푸른색의 짙은 옷을 입으려 하고 있었습니다.

장태산에서 이끼도롱뇽이 발견된 지 꽤 많은 세월이 흘렀지만 아직도 녀석의 번식 생태에 대해서는 밝혀진 것이 아무것도 없었습니다. 알을 낳는지, 새끼를 낳는지조차도 알 수 없었습니다. 나는 이를 밝히고자 학교의 실험실과 집에서 나름대로 실험과 관찰을 해봤지만 그때마다 번번이 실패했습니다. 그 원인을 곰곰이 생각해보니 서식지의 조건이 맞지 않았기 때문이라는 것을 알게 되었습니다. 그래서 2014년에는 이끼도롱뇽이 살고 있는 장소에서 직접 실험을 하기로 하고, 그곳에 실험 장치를 설치하였습니다.

그 이후부터는 토요일마다 장태산에 가지 않으면 궁금해서 못 견딜

지경이 되었습니다. 특별한 일이 없으면 매주 가서 관찰을 하였고, 항상 설레는 마음으로 실험 장치의 망을 열었지만 알은 없었습니다. 그래도 포기하지 않고 계속 관찰을 했습니다.

장태산은 메타세쿼이아가 많이 자라고 삼림이 울창하여 대전 시민들이 즐겨 찾는 곳입니다. 메타세쿼이아는 '물가에서 잘 자라는 삼나무'란 의미로 한자 표기로는 수삼水杉이며, 북한에서도 '수삼나무'라 불립니다. 이곳은 나무가 많고 산이 깊어 습도가 높으며, 그늘도 많아 이끼도롱뇽이 살기에 딱 좋은 조건을 갖추고 있습니다. 그래서 이곳에서 제일 먼저

8월의 메타세쿼이아

발견된 것이 아닌가 합니다.

9월까지 계속 일주일에 한 번씩 관찰하기를 반복했지만 알이나 새끼를 보지 못했습니다. 이렇게 2014년을 아쉬움으로 보내야 하나 하다가 포기하지 않고 이번에는 더욱더 세밀한 관찰 실험 장치를 마련해보기로 했습니다.

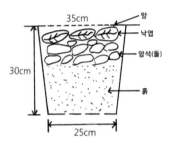

실험 장치의 측면 그림

2014년 9월, 먼저 큰 화분을 준비하였습니다. 그다음 화분의 아래에 이끼도롱뇽이 살고 있는 곳의 흙을 넣고, 위에는 돌과 나뭇잎을 채웠으며, 맨 위에는 가느다란 망을 설치하여 실험 장치를 완성하였습니다. 그리고 이 실험 장치를 장태산의 이끼도롱뇽 서식지에 땅의 높이에 맞춰 묻었습니다. 마지막으로 이끼도롱뇽이 겨울잠을 자러 가기 전인 10월 말에 암컷 다섯 마리와 수컷 다섯 마리를 채집하여 실험 장치에 넣었습니다. 이끼도롱뇽의 채집은 관할 구청의 허가를 받았고, 실험을 마친 후에는 원래 살던 곳에 놓아주었습니다.

긴 겨울이 지나고 2015년 4월 초에 망을 열어보니 추운 겨울에도 얼어 죽지 않고 열 마리가 모두 살아 있었습니다. 다시 4월부터 매주 토요일에 장태산에 가서 망을 열어 알이 있는지, 새끼를 낳았는지를 확인하

이끼도롱뇽 관찰 실험

1 2 3 4 5 6 **1 2** 실험 장치를 설치한 장소입니다. 실험 장치를 묻을 곳으로는 햇빛이 없고 습도가 높으며 낙엽과 흙이 있는 곳을 골랐습니다. **3** 주변에 있는 돌, 낙엽, 흙을 같은 높이로 하여 큰 화분에 넣고 위에 망을 덮었습니다. **4** 화분과 망을 제외하고는 서식지와 똑같은 조건을 갖추고 실험을 하였습니다. **5** 실험 장치 안에 알을 가진 암컷 다섯 마리와 수컷 다섯 마리를 넣으니 각자 떨어져 있지 않고 서로 붙어 있었습니다. **6** 주변 환경 그대로 낙엽, 나뭇가지 등으로 그 위를 덮어 주었습니다.

였습니다. 주변에 있는 개미와 딱정벌레를 채집하여 먹이로 넣어주었습니다. 비가 오지 않는 날은 계곡에서 물을 길어와 뿌려주기도 하였습니다. 아쉽게도 4월, 5월, 6월 초까지 알과 새끼는 보이질 않았습니다.

2015년 6월 15일, 그날도 어느 때처럼 차를 몰고 장태산으로 향했습니다. 6월의 나무들은 완전히 푸른 옷으로 갈아입고 자신들의 모습을 뽐내고 있었습니다. 약간 더운 날이었지만 장태산에 도착하니 계곡에서 시원한 바람이 불어왔습니다. 엊그저께 내린 비로 계곡물은 불어 있었고 나무와 흙은 젖어 있었습니다.

망 위쪽에 하얀 이끼도롱뇽 알이 다섯 개 붙어 있습니다.

어김없이 실험 장치를 설치한 장소로 가서 망을 열어보았습니다. 망을 여는 순간, 나는 숨이 멎는 줄 알았습니다. 심장이 쿵쿵 뛰었습니다. 실험 장치의 망 아래에 동그란 알이 선명하게 붙어 있었습니다! '아, 몇 년 동안 그렇게도 보고 싶어 했던 알이 여기에 붙어 있다니!' 흥분해서 나도 모르게 산속에서 춤을 추었습니다.

'지난 몇 년 동안 얼마나 보고 싶었던 알인가? 이 순간을 위하여 얼마나 많은 날들을 보냈던가?'

이끼도롱뇽 알은 망 위에 붙어서 나를 보고 있었습니다. '내가 이끼도롱뇽 알이요'라고 말하는 듯이 말입니다. 서둘러 카메라를 꺼내어 정신 없이 사진을 찍었습니다. 꾸준히 노력하다 보면 꿈이 이루어진다는 그 평범한 진리를 비로소 경험하는 순간이었습니다. 찍은 사진을 양서류 전문가들에게 의뢰하니 진품 이끼도롱뇽 알이라고 합니다.

2015년 6월은 양서류와 파충류를 관찰하고 연구하면서 가장 행복했던 날이었습니다. 아직까지도 그때 본 이끼도롱뇽 알의 모습이 잊히질 않습니다.

● 이끼도롱뇽의 서식지

경사가 심하고, 바위, 돌, 이끼, 나무, 풀과 물이 있으며, 햇빛이 들지 않는 북쪽은 습도가 높아 이끼도롱뇽이 좋아하는 곳입니다. 낙엽 밑도 녀석이 좋아하는 서식지입니다.

● 이끼도롱뇽의 생태

이끼도롱뇽 알은 지름이 약 5밀리미터이고, 알을 붙이는
자루는 약 2밀리미터입니다.

위쪽이 수컷, 아래쪽이 암컷입니다.

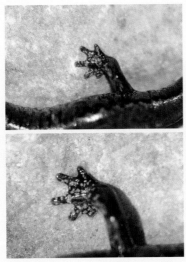

다른 도롱뇽에게서는 볼 수 없는 이끼도롱뇽의
물갈퀴입니다.

배설기 위치

수컷은 머리부터 배설기까지의 길이가 배설기부터 꼬리 끝
까지의 길이보다 짧습니다.
왼쪽이 암컷이고, 오른쪽이 수컷입니다.

수억 년의 석회암 동굴에서
꼬리치레도롱뇽 알을 만나다

2009년 9월 12일 새벽 5시, 기상을 알리는 알람이 울렸습니다. 어둠 가득한 새벽, 잔잔한 빗소리가 들립니다. 갈까, 말까? 수십 번의 망설임 끝에 결국 가기로 마음먹고 강원도 삼척을 향한 대장정을 시작했습니다. 6시 30분에 도착한 터미널에는 어딘가로 떠나는 사람들로 북적이고 있었습니다.

7시 삼척행 버스에 몸을 싣고 출발했습니다. 버스는 대전, 청주, 원주를 지나 대관령에 도착했습니다. 예전에는 버스가 대관령을 굽이굽이 돌아갔지만 이제는 터널로 연결되어 빨리 갈 수 있습니다. 하지만 주변의 풍광을 볼 수가 없는 것이 안타깝습니다.

대관령에 도착하니 온통 초록 물결이 나를 반겨줍니다. 조용한 아침,

나무들은 모두 초록 옷을 입고 있었습니다. 차는 다시 강릉, 동해를 지나 삼척에 도착했습니다.

처음 와 보는 도시라 낯섦음과 호기심이 교차합니다. 삼척에서 동굴까지는 택시를 이용했습니다. 동굴까지 가는 내내 택시 기사 아저씨는 요즘 경기에 대해 걱정 어린 말을 합니다.

창밖은 9월의 신록을 아낌없이 자랑하고 있습니다. 오늘 아침 일기에 보와는 달리, 화창한 초가을 날씨에 하늘은 구름 한 점 없이 맑고 깨끗합니다. 우리나라의 가을 날씨는 수출품 1호로 하여도 좋을 만큼 덥지도 춥지도 않은 산뜻하고 기분 좋은 날씨입니다. 20여 분 후 택시는 동굴 주차장에 나를 내려놓고 휭 하니 다시 오던 길로 달아났습니다. 동굴에서 삼척으로 갈 때는 시내버스를 이용하려고 버스 시간표를 미리 메모해두었습니다.

주차장에는 가족 단위로 온 여행객들과 연인들 그리고 직장 동료나 친구들로 끼리끼리 모인 사람들이 저마다의 이야기를 나누면서 동굴을 향해 걸어가고 있었습니다. 동굴까지는 약 30분이 걸렸는데 경사가 급해서 등에 땀이 흘러내립니다. 나는 어릴 때부터 산에 많이 다닌지라 평지보다 산길에서 더 빨리 걷는 습관이 있습니다. 그래서 나와 처음 산행을 하는 사람들은 가끔 오해를 할 때도 있습니다.

조금 전까지만 해도 맑고 구름 한 점 없던 하늘에 갑자기 먹구름이 몰려오면서 금방이라도 소나기가 내릴 것 같았습니다. 이것이 고산지대의 날씨인가 봅니다. 걸음을 재촉하면서 동굴을 향해 올라갔습니다. 마음이 다급했습니다. 한참을 올라가니 동굴임을 알려주는 커다란 안내판이 나를 반깁니다.

입구를 지키는 관리원 아저씨에게 인사를 건넸습니다. 동굴에 온 이유를 이야기하자 아저씨는 친절하게 꼬리치레도롱뇽이 알을 낳는 장소를 알려주셨습니다. 그런데 처음 알려주신 장소에서 아무리 자세히 관찰을 하여도 꼬리치레도롱뇽 유생들만 보이고 알은 보이지 않았습니다. 꼬리치레도롱뇽 유생은 형태와 몸 색깔이 어미와 매우 다릅니다. 처음 볼 때는 꼭 미꾸라지 같습니다. 아가미는 튀어나와 있고, 발톱도 매우 발달해 있습니다.

여기저기 놀고 있는 어린 꼬리치레도롱뇽들의 사진을 찍었습니다. 계속해서 알을 찾기 위해 꼼꼼하게 랜턴을 비추면서 살폈지만 역시 보이지 않았습니다. 장소를 조금 옮겨 위쪽으로 올라가니 70도의 직벽과 함께 물이 2미터쯤 고여 있는 수정처럼 맑고 투명한 물웅덩이가 나타났습니다. 그 물속의 벽에 둥근 공처럼 생긴 것이 하얀 망 안에 담겨 매달려 있었습니다.

"아!" 순간, 나도 모르게 탄성을 내질렀습니다. 지나가는 사람들의 관심에도 아랑곳없이 급히 카메라를 꺼내어 사진을 찍기 시작했습니다.

신들린 사람처럼 30여 분 동안 200여 장의 사진을 찍은 듯합니다.

꼬리치레도롱뇽은 하얀 망 속에 알을 약 열 개씩 넣어 물이 흐르는 동굴 벽에 매달아 놓습니다. 맑은 물의 벽에 하얀 망태를 달아 놓은 듯한 그 모습은 신비에 가까웠습니다. 마치 작은 양파 주머니 같기도 하고 탁구공 같기도 했습니다. 크기는 5~6센티미터이며, 망태가 하나인 것도 있었습니다. 그 속에는 알이 다섯 개에서 열다섯 개쯤 들어 있고, 주머니 위쪽은 벽에 단단히 붙어 있었습니다.

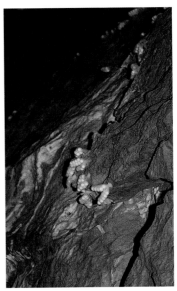

꼬리치레도롱뇽 알을 처음 보았을 때 찍은 사진입니다. 꼬리치레도롱뇽은 한 마리가 두 개의 망을 낳으며, 암컷이 알을 붙이면 수컷이 정자를 방출하여 수정을 시킵니다.

유생과 성체는 쉽게 관찰할 수 있지만 자연 상태에서의 꼬리치레도롱뇽 알을 보기란 사실 매우 어렵습니다. 꼬리치레도롱뇽은 계곡의 상류 중에서도 겉으로 봐서는 보이지 않지만 들춰보면 맑은 물이 솟아 나오는, 그런 돌 아래에만 알을 낳아 부착하기 때문에 여간해서는 관찰하기가 쉽지 않습니다.

강원도의 석회암 동굴에서 꼬리치레도롱뇽이 알을 낳는다는 사실은 최근에 밝혀졌습니다. 꼬리치레도롱뇽은 6월 초순에서 7월 초순에 알을 낳는데, 동굴은 수온이 매우 낮아 6월이라 해도 섭씨 10~12도입니다. 이렇듯 동굴의 물이 차갑기 때문에 알은 천천히 발생을 진행하여 약 6개월 뒤인 11월에 이르러서야 새끼로 부화합니다. 도롱뇽이 약 한 달 반 만에 새끼로 부화하는 것에 비하면 이는 아주 느린 편입니다. 게다가 그중 약 70퍼센트는 폐사하고 나머지 30퍼센트 정도만 부화에 성공한다고 합니다. 그렇게 힘들게 태어난 유생은 주변의 유기물만 먹고도 잘 자랍니다.

몸통보다 긴 꼬리가 치렁치렁하다고 하여 '꼬리치레도롱뇽'이라는 이름이 붙었습니다. 성체는 머리부터 꼬리까지의 길이가 120~200밀리미터쯤 됩니다.

녀석은 물이 맑고 깨끗하며 산소가 풍부하게 녹아 있는 1급수 계곡이나 동굴 속에서 살아갑니다. 또 숲이 우거져 그늘이 있고 수온이 낮은 계곡을 좋아합니다. 깨끗하게 보존된 서식지에서만 살아가기 때문에 이 녀석의 존재는 곧 그곳 환경이 청정 구역임을 뜻합니다. 녀석은 그런 환경에 생태적으로 잘 적응한 듯합니다.

꼬리치레도롱뇽 유생은 계곡의 물에 떠내려가지 않기 위해 간혹 까만 발톱으로 돌을 꽉 붙잡고 있기도 합니다. 이 모습을 보고 사람들은 녀석을 '발톱도롱뇽'이라고도 합니다. 유생의 아가미는 밖으로 나와 있어 신선한 산소를 많이 빨아들입니다.

물속에서 발생을 마친 유생은 계곡 주변으로 이동하여 생활합니다. 계곡 주변에 있는 지렁이, 거미, 파리와 같은 작은 동물들을 먹고, 10월 말이 되면 그곳의 돌 밑이나 나무 밑으로 들어가 겨울잠을 잡니다.

몇 년 전부터 보고 싶었던 꼬리치레도롱뇽도 보고 알도 보았으니 힘이 절로 났습니다. 한참 사진을 찍고 있는데 몸이 부들부들 떨리면서 한기가 느껴졌습니다. 아까 사진을 찍다가 넘어져 옷이 물에 젖었는데 그 추위가 이제야 오는 모양입니다. 급히 카메라를 챙겨서 동굴 밖으로 나왔습니다. 햇볕을 쪼이니 몸이 조금 따뜻해집니다. 관리인 아저씨에게 인사를 한 후 다시 내려갔습니다. 발걸음도 가벼워 내려올 때는 10분도 채 걸리지 않은 것 같습니다.

주차장에 도착하니 갑자기 소나기가 내리기 시작합니다. 아뿔싸! 택시에 우산을 놓고 내린 것이 그때서야 생각납니다. 비도 피할 겸 주린 배를 채울 겸 주변의 식당을 찾아봅니다. 근처를 돌아보니 우거지 해장국 집이 눈에 들어옵니다. 밥을 먹는 순간에도 조금 전에 본 꼬리치레도롱뇽 알이 자꾸 눈에 아른거립니다. 식사를 하고 나오니 다시 날씨가 좋아졌습니다.

오랜 기간 동안 나와 같은 학교에서 근무했던 이경균 선생님께 전화를 했습니다. 선생님은 자리를 옮겨 지금은 강릉의 문성고등학교에서 교편을 잡고 있습니다. 며칠 전에 강릉에 간다고 선생님께 미리 연락을 해둔 참이었습니다.

　강릉행 버스에 몸을 싣자마자 단잠에 빠져들었습니다. 강릉 버스터미널에 도착하니 선생님이 나를 반겨주었습니다. 그날 저녁은 이 선생님과 함께 꼬리치레도롱뇽 알 이야기와 옛날이야기를 하면서 회포를 풀었습니다.

● 꼬리치레도롱뇽의 서식지

국립공원으로 지정된 계곡의 상류나 동굴에서 물이 흐르는 곳은 꼬리치레도롱뇽의 주 서식지입니다.
생식기가 되면 여러 마리가 모여 짝짓기를 하고 알도 낳아야 하기 때문에 그늘이 있고, 먹이와 산소가 풍부한 동굴은 이들이 살아가는 데 더없이 좋은 조건입니다.

● 꼬리치레도롱뇽의 생태

꼬리치레도롱뇽 알 주변으로 성체가 보입니다.

아가미

동굴 바닥에서 살고 있는 꼬리치레도롱뇽 유생입니다.
뒷발가락은 다섯 개, 앞발가락은 네 개입니다.
어두운 갈색 바탕에 검은색 무늬가 있지만 주변 환경과
비슷한 색으로 위장하여 잘 보이지 않습니다.

유생의 겉아가미는 물속의 산소를 많이 섭취
하기 위한 형태로 보입니다.
이 아가미는 성체가 되면 없어집니다.

수컷은 번식기가 되면 꼬리 끝이 넓게 변합니다. 성체의 몸통은 갈색 바탕에 노란색 반점이 퍼져 있으며, 눈은 튀어나와 있고, 뒷발가락은 다섯 개, 앞발가락은 네 개입니다.

꼬리치레도롱뇽 암컷

때마침 눈이 마주친 꼬리치레도롱뇽

뱀

충주호 그리고
월악산의 구렁이를 찾아서

금요일 저녁만 되면 마음이 가벼워집니다.
일주일 간의 바쁜 생활을 마감하고 조금이나마 여유를 찾을 수 있기 때
문입니다. 10월의 넷째 주 금요일 저녁, 월악산을 오르기로 결심하고
잠을 청했습니다. 토요일 새벽 4시 30분에 일어나 씻은 후 아침을 먹고
전철에 몸을 실었습니다. 집 바로 앞에 전철역이 있어 대전역까지 가는
길이 매우 편합니다.

토요일 이른 아침에도 대전역에는 많은 사람들로 붐빕니다. 7시 5분,
제천행 무궁화호 열차에 몸을 실었습니다. 5호차 73호석 옆자리에는
60대 후반쯤 되어 보이는 어르신이 앉아 계셨습니다. 어르신은 조치원
까지 가는데 평생을 그곳에서 살았다고 하십니다. 나는 1년 동안 조치

원에서 대학을 다녔던 터라 낯설지 않았습니다. 조치원만 하더라도 아직은 오염이 덜 되어 금강 줄기를 따라 넓은 평야로 겨울 철새들이 많이 찾아옵니다. 조치원역에 도착하니 옆자리의 어르신이 잘 가라며 인사를 한 뒤 내리셨습니다. 비로소 혼자가 되었습니다. 역시 여행은 혼자 하는 것이 제 맛입니다.

차창 밖으로 누런 황금벌판이 보입니다. 군데군데 벼를 베기 시작하는 곳도 있습니다. 예전에는 볏짚을 논에 그대로 두거나 집으로 가지고 갔는데 요즘은 볏짚을 기계로 포장해두는 듯합니다. 하얀 볏짚 뭉치가 논 여기저기에 놓여 있습니다. 멀리서 까치들이 몰려와 떨어진 알곡을 쪼아 먹고, 그 옆으로는 참새들이 보입니다.

이윽고 열차는 충주역에 도착했습니다. 이곳에서 나는 이정현 선생님을 만나기로 했습니다. 월악산에서 구렁이의 생태에 대한 박사 과정 논문을 쓰고 있는 이정현 선생님(현재 국립생물자원관 근무)이 오늘은 여자 친구와 함께 왔습니다. 서로 인사를 나눈 후 우리는 바로 월악산으로 향했습니다.

우리를 태운 차가 충주 시내를 통과합니다. 차창 밖으로 보이는 사과나무 가로수가 인상적입니다. 마침 사과가 가장 맛있게 익는 계절이라 빨간 사과가 주렁주렁 탐스럽게 열려 있었습니다. 농장 아저씨는 사과나무를 지키느라 여념이 없습니다. 차는 시내에서 벗어나 수안보 온천

쪽으로 향합니다. 차 안에서 이 선생님은 구렁이에 대한 이야기를 많이 들려주었습니다. 옛날에는 구렁이가 많았지만 지금은 국립공원이나 민통선, 서해안의 섬 지방에나 가야 만날 수 있다고 합니다.

구렁이에 대한 연구는 먼저 관계부처의 허가를 받은 다음 구렁이를 포획하는 것에서부터 시작됩니다. 그다음 수의과의 도움을 받아 구렁이를 마취한 뒤 배 아래쪽을 절제합니다. 그리고 구렁이의 몸에 무리가 가지 않도록 조심스럽게 전파 발신기를 넣고 다시 소독한 뒤 꿰맵니다. 이 과정이 무사히 끝나면 구렁이를 살던 곳에 놓아줍니다. 그러면 녀석은 일정한 간격으로 전파를 발사하여 자기 위치를 알려줍니다.

녀석이 이동한 거리, 이동한 방향, 머문 장소 등을 일일이 기록합니다. 이렇게 열 마리쯤 되는 구렁이의 몸에 감지기를 장착하고 추적한 결과, 구렁이의 세력권(텃세권)은 넓은 편이 아니라는 것이 밝혀졌습니다. 녀석들은 때로는 산 위쪽, 어떨 때는 마을 근처의 퇴비 속이나 계곡의 큰 돌 밑, 농가의 돌담 속에도 들어가며, 따뜻한 바위 근처에서 둥지를 틀기도 합니다. 낮에는 햇볕을 쬐면서 낙엽 위에 길게 누워 일광욕도 하고, 바위 옆에 똬리를 틀고 쉬기도 합니다.

월악산에서 만난 구렁이는 카메라 셔터 소리와 내 발걸음 소리에 놀라 쏜살같이 달아나버렸습니다. 구렁이는 동작이 느린 녀석이 아닙니다. 간혹 너무 빨리 이동해서 추적하는 데 힘이 들기도 합니다.

구렁이의 이동 및 세력권 등에 대한 생태 연구는 구렁이의 몸에 장착한 발신기에서 나오는 전파를 추적하여 이루어집니다. 발신음을 찾기 위해 안테나를 이용합니다.

구렁이는 색깔이 다양하여 누런색 바탕에 검은 무늬가 있거나 하얀 무늬가 있는 것 등이 있습니다. 지역에 따라 검은색과 누런색의 분포가 다른데, 누런색이 많은 것은 황구렁이, 검은색이 많은 것은 먹구렁이라고 합니다. 하지만 우리나라에 살고 있는 구렁이는 모두 한 종입니다. 단지 지역에 따라 색깔이 조금 다를 뿐입니다. 먹구렁이는 주로 북쪽에 많으며, 황구렁이는 남쪽으로 갈수록 우세합니다.

연구 결과, 구렁이는 먹이로 포유류를 가장 좋아하는 것으로 확인되었습니다. 포유류 중에서도 쥐를 포함한 설치류를 가장 좋아하고, 참새 등의 조류, 개구리와 같은 양서류도 좋아합니다. 또 구렁이는 나무에 잘 올라가기 때문에 새나 새의 알을 잡아먹기도 합니다.

옛날 시골에서는 구렁이가 복 구렁이였습니다. 구렁이 한 마리가 잡아먹는 쥐가 1년에 약 백 마리였다고 하니, 벼를 갉아먹고 병을 옮기는 쥐로 골치 앓던 농민들에게는 여간 고마운 일이 아니었을 것입니다. 또한 초가집의 처마 밑에 둥지를 틀고 사는 참새의 알과 새끼까지 잡아먹어 벼를 보호해주었으니 우리 조상들은 구렁이를 잡지 않고 오히려 보호했다고 합니다.

하지만 지금 농촌에는 돌담은 물론, 초가집도 없고 약을 놓아 쥐까지 사라져버렸으니 구렁이를 보기가 무척 어려워졌습니다. 특히 구렁이가 정력제니 강장제니 하면서 몸보신용으로 땅꾼의 표적이 된 후로 개체 수가 많이 줄었습니다. 구렁이가 이 땅에서 완전히 자취를 감출 날도 얼마 남지 않은 것 같습니다. 현재 구렁이는 멸종 위기 야생동식물 2급으로 지정되어 있습니다.

구렁이는 몸길이 150~200센티미터로 우리나라에서 사는 뱀 중에 가장 몸집이 크며, 암컷보다 수컷이 조금 더 큽니다. 세계에서 가장 크고 긴 뱀은 아나콘다로 9미터가 넘습니다. 앞서 말했듯 구렁이의 몸 색깔은 사는 곳에 따라 약간씩 차이가 있습니다. 등 색깔은 누런빛을 띤 갈색부터 어두운 갈색까지 다양하고, 옆면에도 같은 색의 줄무늬가 있으며, 배는 주로 회색빛을 띤 흰색이나 옅은 누런색을 띱니다. 하지만 개체에 따라 변이가 심하여 검은색 가로무늬와 검은 밤색의 가로무늬가 있는 것과 없는 것이 있습니다. 과거에는 먹구렁이와 황구렁이가 각각

아종으로 알려졌지만 지금은 모두 같은 종으로 밝혀졌습니다.

구렁이는 몸의 크기에 비해 머리가 작은 편입니다. 혀끝은 V자 모양으로 갈라져 있으며 검은색 또는 갈색을 띱니다. 입 안쪽에는 후각기관인 야콥슨 기관jacobson's organ이 있어 공기 중의 냄새를 잘 맡을 수 있습니다.

찬바람이 불고 기온이 내려가기 시작하는 10월 말경이 되면 산지나 계곡에 살던 구렁이들이 산 아래로 이동합니다. 그리고 큰 바위 밑이나 돌담 속, 흙 속의 굴에 들어가 겨울잠을 잡니다.

5~6월에 짝짓기를 하고, 7~8월에 열 개에서 스무 개 정도 알을 낳습니다. 양지쪽의 돌담 밑이나 두엄, 따뜻한 볏짚 속에 알을 낳으며, 흰색에 타원형인 알은 45~60일이 지나면 부화합니다.

구렁이는 자연 상태에서 수명이 20년쯤 됩니다. 지역에 따라 '흑질백장', '구렝이', '구링이', '흑지리' 등으로도 불리며, 몸에 독은 가지고 있지 않습니다.

보고 싶었던 구렁이도 만나고 월악산의 맑은 공기도 마음껏 마시니 기분이 좋았습니다. 충북의 영봉 월악산을 뒤로한 채 돌아오는 길에 본 붉은 사과는 더욱더 탐스럽게 보였습니다.

● 구렁이의 서식지

구렁이는 이동하는 범위가 넓지 않고, 따뜻한 곳을 좋아합니다.

● 구렁이의 생태

구렁이가 겨울잠을 자는 장소

구렁이 알 껍질

먹구렁이

황구렁이

능구렁이

숲속이나 산림지대, 논과 밭, 민가 주변에서 주로 관찰됩니다. 따뜻한 곳을 좋아하여 바위 위나 아스팔트 도로 위에서도 관찰됩니다. 행동이 빠르고 활달하며, 몸 전체의 길이는 약 70~120센티미터입니다. 등은 붉은색 바탕에 검은색 무늬가 머리부터 꼬리까지 있고, 배는 밝은 누런색을 띠고 있습니다.

먹이로는 개구리, 물고기, 새, 쥐 등이 있으며 다른 뱀들도 잡아먹습니다. 여름에 여섯 개에서 열 개쯤 알을 낳고, 찬바람이 부는 10월이 되면 겨울잠을 잡니다.

황간의 백화산과
까치살모사

2012년 10월 2일, 같은 학교에 근무하는 노기현 선생님과 함께 충북 영동군 황간면의 백화산에 갔습니다. 10월의 산은 버섯이 많이 나는 시기라 버섯 구경과 가을의 경치를 즐기고자 출발한 여행이었습니다. 나와 노 선생님의 부부 동반 여행으로, 모두 네 명이 함께 했습니다. 차는 쭉 뻗은 경부고속도로를 지나 영동 나들목을 통과하여 백화산으로 향했습니다.

이맘때는 농촌 어디를 가나 황금벌판의 연속입니다. 가을이 깊어가는 그 즈음, 차는 시골의 도로를 달리고 있었습니다. 지나가는 차가 한 대도 보이지 않는 한적한 도로였습니다. 시골 길가에는 감나무와 사과나무의 물결이 보입니다. 감나무에는 감이 주렁주렁 달려 있고, 사과나무에도 사과가 복스럽게 열려 나무가 힘겨워 보일 정도입니다. 가을은 어디를 가나 풍성하니 마음도 곧 풍성해집니다.

한 시간 후, 백화산 입구에 도착했습니다. 입구에는 아담한 절이 하나 있습니다. 절 주변은 바위가 많고, 특히 소나무로 둘러싸여 있어 솔 내음이 가득합니다. 그곳에 서 있는 낙엽송(일본잎갈나무)의 꼿꼿한 자태도 돋보입니다.

절 마당을 지나가는데 보살님께서 우리에게 좀 쉬어 가라고 하십니다. 우리는 절 앞의 평상에 앉아 둥굴레 차를 마시며 절의 풍광과 주변의 산에서 자라는 버섯에 대한 이야기를 들었습니다. 보살님께서는 뒷산에서 따온 노란 '꾀꼬리버섯'을 다듬고 계셨습니다. 요즘 절 주변에는 꾀꼬리버섯이 많이 난다고 합니다.

절에서 나와 산으로 올라가니 얼마 전에 비가 내려서 그런지 습기를 머금은 버섯들이 여기저기서 올라오고 있었습니다. 그중에서도 꾀꼬리버섯이 가장 눈에 띄었습니다. 소나무와 참나무류 밑에는 낙엽이 많아서 노란 꾀꼬리버섯들이 군체를 이루고 있었습니다. 누가 처음 이름을 붙였을까요? 정말 잘 어울리는 이름 같습니다. 여기저기 이름 모를 버섯들이 눈에 보입니다.

버섯도 버섯이지만 내 마음은 딴 곳에 가 있었습니다. 나는 줄곧 주변에 뱀이 나타나기를 진심으로 바라고 있었습니다. 머릿속이 온통 뱀 생각으로 가득 차 있는데 거짓말처럼 눈앞에 뱀이 나타났습니다. 원체 뱀을 싫어하는 나의 아내는 놀라 소리를 지르면서 달아났습니다. 나는 허리에 차고 있던 디지털카메라를 반사적으로 꺼내 순식간에 사진 몇 장을 찍었습니다. 쇠살모사입니다. 쇠살모사는 혀를 날름거리며 '나는 독이 있으니 가까이 올 테면 오시오' 하면서 자신을 과시하고 있었습니다. 이 녀석은 움직임이 별로 없어 사진을 찍기에 좋습니다. 독이 없는 녀석들은 달아나는 것이 상책이라 사람을 만나면 걸음아 날 살려라 하고 긴 몸뚱이로 낙엽을 헤치며 잘도 도망가지만 독을 가진 녀석들은 그렇지 않습니다.

계속해서 산의 능선을 타고 중간쯤 올라갔을 때 앞에서 가던 노기현 선생님의 사모님이 놀라면서 뱀이 있다고 소리쳤습니다. 재빨리 올라가 보니 낙엽 위의 까치살모사가 혀를 날름거리면서 똬리를 틀고 있었습니다. 사모님은 관찰력이 뛰어난 데다 뱀도 무서워하지 않았습니다.

까치살모사는 머리 모양이 삼각형이며, 꼬리는 짤막하고, 몸도 짧고 굵어 독사의 특성을 모두 가지고 있습니다. 그렇기 때문에 녀석을 항상 조심해야 합니다. 위장술의 대가인 녀석은 몸의 무늬가 땅에 떨어진 낙엽과 비슷해서 발견하기가 어렵습니다. 우리가 먼저 발견해서 다행이었습니다.

나는 심장이 쿵쿵 뛰었습니다. 까치살모사는 개체 수도 적지만 사는 지역이 주로 고산지대이기 때문에 쉽게 볼 수 없는 녀석입니다. 높은 삼림지대 주변의 계곡과 능선, 경작지와 묘지 주변 등이 녀석의 서식지입니다. 가까이 접근하여 사진을 찍으니 혀를 날름거리며 주변을 탐색하기에 여념이 없습니다. 더욱더 가까이 접근하니 이번에는 꼬리를 추켜세우고 파르르 떱니다. 자신을 위협하는 적에 대한 방어 행동입니다.

사진을 다 찍고 나니 녀석은 낙엽 아래로 들어가 자취를 감추어버렸습니다. 머리와 허리에 식은땀이 고입니다. 가을 산은 이런 독사들이 있으므로 정말 조심해야 합니다.

까치살모사는 길이가 50~90센티미터입니다. 등에는 검은색과 흰색의 가로무늬가 머리부터 꼬리까지 있습니다. 하지만 개체에 따라 변이가 심하여 무늬가 큰 것도 있고 작은 것도 있습니다. 머리 위에는 화살표 모양의 검은 무늬가 있고, 혀는 검은색입니다. 검은색 바탕의 배에는 불규칙한 흰색 얼룩무늬가 있으며, 몸의 길이에 비해 머리가 큰 편입니다. 먹이로는 서식지 주변에 살고 있는 개구리, 도롱뇽, 등줄쥐, 도마뱀 등이 있습니다. 먹이를 먹을 때는 독니로 먼저 먹이를 죽인 후에 잡아먹습니다.

까치살모사는 신경 독과 출혈 독을 모두 가지고 있어 녀석에게 물리면 신경세포가 마비되어 시각과 청각이 마비되기도 하며, 중추신경계까지 마비되어 호흡이 곤란해지고 심장박동에 이상이 올 수 있습니다.

녀석은 10월이 되면 겨울잠을 자고, 4월 중순에 겨울잠에서 깨어나 먹이 활동을 합니다. 8월이 되면 알이 아닌 새끼를 세 마리에서 여덟 마리쯤 낳습니다. 또 까치살모사는 살모사류 중에서 개체 수가 가장 적고, 짝짓기를 하는 형태나 생활사 전반은 자세히 알려지지 않았습니다.

지역에 따라 까치살모사를 '칠점사', '칠보사', '점사' 등으로 부르기도 합니다. '까치살모사'란 이름은 흰색과 검은색의 무늬가 마치 까치를 닮았다고 해서 지은 이름이 아닌가 하고 추측해봅니다. 현재는 포획 금지 야생동물로 지정되어 보호를 받고 있습니다.

우리는 뱀에 대해 잘못된 생각을 가지고 있습니다. 뱀은 징그럽고 독이 있으니 보는 대로 죽여야 한다는 생각 말입니다. 뱀이 없어지면 이들의 먹이인 쥐가 늘어나 생태계에 더 큰 악영향을 줍니다. 독사들은 상대방이 공격하지 않으면 먹이를 잡을 때를 제외하고는 먼저 와서 물지 않습니다. 몸에 독을 가지고 있는 것은 먹이를 잡기 위한 수단이지, 자신보다 힘센 동물을 공격하기 위함이 아닙니다. 뱀도 아끼고 사랑해야 할 동물 중 하나입니다.

옆에서 노기현 선생님과 사모님은 이름 모를 버섯을 관찰하기에 여념이 없습니다. 1시쯤 되니 배가 고파지기 시작합니다. 우리는 산을 내려가기로 했습니다. 솔 내음과 이름 모를 나뭇잎들의 냄새는 언제 맡아도 좋습니다. 산속에 있으면 기분이 좋아지는 이유는 무엇일까요? 우리가 알고 있는 '피톤치드 효과' 외에도 기분을 좋게 하는 무언가가 있는 것 같습니다.

오늘은 예기치 않았던 귀한 까치살모사를 만나 사진도 많이 찍고, 버섯도 보았으니 나에겐 행운의 날입니다. 뱀은 자세히 보면 볼수록 점점 좋아지는 동물입니다. 물론 볼 때마다 항상 놀라기는 해도 사진을 찍고, 찍은 사진을 계속 보다 보면 신비로운 구석이 있어서 빠져들게 됩니다.

돌아오는 길, 황간 휴게소에서 따뜻한 커피를 마시며 바라본 백화산은 마치 한복을 곱게 차려입은 어머니의 비단치마 주름처럼 아름답습니다.

황간 휴게소에서 바라본 백화산

● 까치살모사

까치살모사 성체입니다. 녀석의 몸에는 머리부터 꼬리까지 회색과 갈색의 무늬가 있습니다.

쇠살모사

붉은 바탕의 몸에 검은색의 둥근 무늬가 머리부터 꼬리까지 있으며, 혀는 붉은색입니다. 눈 위에는 흰색의 세로줄이 있고, 눈 뒤에는 검은색 또는 밤색의 굵은 무늬가 있습니다. 하지만 지역에 따라 무늬와 색깔이 약간씩 다릅니다. 몸의 형태는 굵고 짧으며, 살모사류 중에서 개체 수가 많아 자주 눈에 띕니다. 몸의 크기는 40~70센티미터로 다양합니다.

행동이 둔한 편이고, 먹이로는 쥐나 개구리, 곤충 등이 있습니다. 7월에서 9월 사이에 새끼를 다섯 마리에서 열 마리쯤 낳습니다. 낙엽이나 따뜻한 바위 위에 똬리를 틀며, 몸길이에 비해 삼각형 모양의 머리가 큰 편입니다. 위협이 닥치면 꼬리를 부르르 떨고, 주변 환경과 색깔이 잘 어울려 발견하기가 쉽지 않습니다. 독니는 먹이를 죽이는 데 쓰지만 가끔 자신을 위협하는 동물에게 사용하기도 합니다. 독니에 물리면 혈관이 파괴되고 부어오릅니다. '쇠살모사'란 이름은 작은 살모사라는 뜻입니다.

살모사

쇠살모사보다 눈 위의 하얀 줄이 더 뚜렷합니다. 눈동자는 기다랗게 생겼고, 꼬리 끝은 누런색을 띠며, 몸통에 있는 검은색의 둥근 무늬가 선명하여 다른 뱀들과 구별이 잘 됩니다. 위턱에는 긴 독니가 두 개 있고, 출혈 독을 분비합니다. 눈과 코 사이에는 먹이를 감지하는 피트 기관pit organs이 있어 밤에도 먹이를 잡을 수 있습니다.

'살모사'라는 이름은 어미를 죽이는 뱀이라는 뜻입니다. 살모사는 난태생이어서 알을 낳지 않고 새끼를 낳는데 세상 밖으로 나온 새끼들은 곧바로 힘차게 돌아다닙니다. 이에 비해 어미는 힘이 들어 축 늘어져 있습니다. 이 모습을 보고 '새끼가 어미를 잡아먹으려고 한다'고 오해하여 붙인 이름입니다.

유등천의 천년 요새,
남생이를 찾아서

2011년 10월 3일, 온화하고 청명한 하늘을 보니 전형적인 가을 날씨입니다. 언젠가 보겠지, 하면서도 야생에서 한 번도 실물을 보지 못했던 남생이를 오늘은 꼭 보고 싶었습니다. 남생이는 양서류와 파충류를 통틀어 유일하게 천연기념물로 지정된 녀석입니다. 내가 살고 있는 대전에서 녀석을 가장 잘 볼 수 있는 곳이 있습니다. 우리 집에서 차로 40분 거리에 있는 그곳은 남생이를 보고 싶을 때마다 찾아가는 곳입니다.

마침 그곳에 황의삼 선생님이 계셔서 남생이를 관찰하러 간다고 미리 전화를 해두었습니다. 시원하게 뚫린 고속도로 옆에는 아직 푸른색을 간직한 나무들이 10월의 햇볕을 쬐고 있었습니다. 대전의 3대 하천

남생이를 비롯하여 수달, 수리부엉이, 쏘가리 등을 보호하기 위해 밤낮으로 남생이 서식지를 순찰하고 탐사하시는 황의삼 선생님입니다.

인 갑천, 대전천, 유등천 중에서 남생이는 유등천의 상류에 많이 살고 있습니다. 그곳에 도착하니 황의삼 선생님이 반갑게 맞아주셨습니다.

선생님은 이곳에서 오리 배를 운영하면서 야생동물에 관한 활동을 꾸준히 하고 계십니다. 사진을 찍고 다큐멘터리를 제작하시는가 하면, 유등천 보호 활동도 열심히 하고 계십니다.

유등천은 한눈에 보기에도 여러 야생동물이 살기에 좋은 곳입니다. 물이 깨끗하고 먹이도 풍부합니다. 한쪽은 사람들이 생활하는 곳이지만 다른 한쪽은 사람의 발길이 닿지 않는 곳이라 동물들이 살아가기에도 제격입니다.

내가 도착하자마자 선생님은 나를 배에 태우고 천천히 배를 몰면서 설명을 해주셨습니다. 남생이는 흐르는 물보다는 고여 있는 물을 좋아하여 밤에는 물속에 있고, 해가 뜨면 물 위로 나와서 바위로 올라가 일광욕을 한다고 합니다. 천천히 바위에 접근하니 때마침 남생이가 일광욕을 하는 모습이 보여 급히 사진을 찍었습니다. 남생이와의 첫 만남입니다.

남생이는 예민한 녀석이라 작은 인기척이나 물결에도 재빠르게 반응하여 물 아래로 뛰어듭니다. 그럴 땐 마치 수영 선수가 출발하는 모습을 보는 것 같습니다.

　물가의 섬처럼 솟아 있는 바위들은 남생이의 훌륭한 쉼터입니다. 이곳에는 남생이만 있는 것이 아닙니다. 자라와 붉은귀거북도 함께 살아갑니다. 같은 자리를 놓고 서로 경쟁하기도 하지만 결국은 사이좋게 양보하면서 잘 지냅니다.

　2016년 6월 25일, 이곳을 다시 찾아갔습니다. 남생이가 살아가는 물가에 커다란 왕버들나무가 한 그루 있습니다. 왕버들나무 중간에 보이는 구멍에서 원앙이 둥지를 짓고 알을 낳아 새끼를 기르고 있습니다. 열 마리의 새끼는 모두 무사히 자라서 남생이가 사는 물로 뛰어 내려와 어미를 따라다닙니다. 그 모습이 참 평화로워 보였습니다.

원앙이 살았던 왕버들나무 둥지입니다.
저런 작은 집에서 어떻게 새끼가 열 마리나 살았을까요?

어린 원앙들이 오리 배를 따라가고 있습니다. 어미가 옆에 있지만 오리 배를 어미라고 생각하는 모양입니다.

자라는 거북과 달리 등이 부드러운 가죽으로 덮여 있습니다. 배는 노란색이며, 하천 주변의 모래밭에 구멍을 파고 알을 낳습니다.

남생이와 자라는 해가 뜰 때 일광욕을 즐겨합니다. 밤새도록 물에 있다가 아침에 해가 뜨자마자 일제히 바위로 기어올라와 일광욕을 합니다. 일광욕을 하지 못한다면 등딱지에 살고 있는 미생물이나 기생충들이 남생이를 괴롭힐 것입니다.

남생이는 네 다리를 쭉 뻗고, 자라는 목을 길게 빼고 바위를 베개 삼아 누워 있습니다. 갓 태어난 녀석들도 바위에 올라와 몸을 말립니다. 멀리서도 자라와 남생이는 구별이 됩니다. 자라는 입이 뾰족하고, 남생이는 입이 뭉툭합니다.

이곳에는 남생이와 자라뿐만 아니라 숲속의 하늘다람쥐, 팔색조, 새매, 매가 살아갑니다. 물속에는 수달과 쏘가리가 있고, 바위의 낭떠러지에는 황조롱이, 수리부엉이, 소쩍새가 살아갑니다. 그야말로 동물들의 요새입니다.

남생이는 민물에 사는 거북류입니다. 녀석은 위험이 닥치면 딱딱하고 커다란 껍질 속으로 머리와 다리를 집어넣어 방어합니다. 위에서 보면 등의 가운데와 양쪽이 볼록하게 솟은 것이 선명하게 보이며, 등껍질에는 어둡고 진한 갈색의 무늬가 무수히 새겨져 있고 노란색 선으로 구획이 나누어져 있습니다. 등의 중심부와 양옆으로 세 개의 줄이 튀어나와 있으며, 머리의 뒤쪽에는 누런빛을 띤 초록색 무늬가 불규칙하게 보입니다.

남생이는 발가락 사이에 물갈퀴가 발달하여 헤엄을 잘 치며, 꼬리가 뾰족합니다. 대체로 암컷이 수컷보다 크고, 배는 바둑판처럼 검은색 바탕에 흰색 경계선이 있어 열에서 열두 개로 구획이 나뉩니다. 그리고 몸이 뒤집어지면 머리와 다리의 힘을 이용하여 마치 레슬링을 하듯 곧바로 원래대로 돌아옵니다.

물이 차가워지는 11월이면 서식지의 물속에 있는 바위나 큰 돌 근처의 수초가 많은 곳으로 들어가 겨울잠을 잡니다. 겨울잠을 자기 전에 짝짓기를 하며, 이듬해 봄에서 여름 사이에 물 주변의 땅 위로 올라옵니다. 그러고는 부드러운 흙이 있는 곳에 구멍을 파놓고 한 번에 다섯 개에서 열 개쯤 알을 낳습니다. 남생이 알은 흰색에 긴 타원형으로 생겼습니다.

알은 7월에서 10월에 부화를 하는데 알에서 깨어난 새끼들은 바로 물로 이동하여 생활합니다. 일찍 부화한 새끼 남생이는 물속에서 겨울잠을 자지만, 늦게 부화한 새끼는 땅속에서 겨울잠을 자고 이듬해 깨어납니다. 남생이는 잡식성이라 어릴 때에는 물에 사는 물고기나 다슬기, 새우, 달팽이, 육지의 메뚜기와 지렁이 등을 먹고, 어느 정도 자라면 초식

성으로 변하여 수초를 즐겨 먹습니다.

남생이는 허파호흡을 하지만 총배설강 안에 있는 점액 낭이라는 주머니로도 숨을 쉽니다. 오줌보 양쪽에 붙어 있는 이 주머니는 모세혈관이 많아서 물속의 산소를 잘 빨아들인다고 합니다.

앞서 말했듯 유등천의 남생이 서식지는 수많은 생명들로 넘쳐납니다. 또 이곳은 유원지라서 많은 사람들이 찾아옵니다. 다행히 한쪽은 사람들의 접근을 막아 놓아 아직까지 남생이들의 놀이터가 잘 유지되고 있습니다. 남생이는 멸종위기종으로 보호를 받고 있는 동물입니다. 이 천연의 요새인 남생이 놀이터가 앞으로도 잘 보존되었으면 좋겠습니다.

원앙 한 쌍이 물 위를 한가로이 헤엄치며 지나갑니다. 그 모습이 하도 예뻐 손을 흔들어주었습니다.

● 남생이의 서식지

남생이의 산란지

물과 연결되어 있고 경사가 완만
하며 햇빛이 잘 드는 곳이 남생이
의 좋은 놀이터입니다.

어미 자라가 남생이의 놀이터에서 일광욕을 즐기고 있습니다.

갓 태어난 새끼 자라도 일광욕을 하러 나왔습니다.
자리가 뾰족하여 불안하지만 잘 쉬고 있습니다.

● 남생이의 생태

남생이 알

알 껍질

바위 위에서 일광욕을 하고
있는 남생이입니다.

머리와 다리를 이용하여 마치 레슬링을 하듯이 몸을 뒤집습니다.

등껍질은 어둡고 진한 갈색을 띱니다. 등의 가운데와 양쪽이 볼록하게 솟아 있습니다.

녀석은 위험이 닥치면 머리와 다리를 등갑 속에 감춥니다.

발가락 사이에 있는 물갈퀴

뾰족한 꼬리

바둑판처럼 구획이 나누어진 배

붉은귀거북

북아메리카가 서식지인 외래종입니다. 애완용으로 우리나라에 들여와 사람들에게 큰 인기를 얻으면서 각 가정에서 '청거북'이란 이름으로 많이들 키우게 되었습니다. 하지만 사람들은 어느 정도 자란 붉은귀거북을 자연스럽게 저수지와 냇가, 강에 풀어주었고, 또 절에서는 구하기 쉬운 이 녀석을 구해다 방생 행사 때 풀어주기도 했습니다.

이후 먹성이 좋은 붉은귀거북은 물속에 살고 있는 민물고기, 민물조개, 다슬기, 곤충, 수초 등을 마구잡이로 먹어치워 생태계의 한 부분을 잠식해나갔습니다. 녀석은 남생이나 자라가 사는 곳에서 먹이를 놓고 경쟁을 벌였는데 항상 우위를 차지하여 환경에 잘 적응해나갔습니다. 그래서 지금은 제주도 등의 섬을 제외한 전국의 저수지, 하천, 호수, 습지에서 살아가고 있습니다.

녀석의 등딱지는 20~30센티미터까지 자랍니다. 등은 녹색 바탕에 누런색 줄무늬가 있고, 배는 누런색 바탕에 검은색의 반점이 있습니다. 바다거북처럼 등에 딱딱한 등갑이 있는데, 이 등갑에는 노란색, 파란색, 검은색 등 다양한 색깔의 무늬가 복잡하게 있습니다. 등갑과 배에는 구획이 선명하게 나누어져 있습니다.

물갈퀴가 발달하여 수영을 잘하며, 암컷은 4~6월이 되면 적게는 두 개에서 많게는 스물다섯 개까지 알을 낳는다고 합니다.

'붉은귀거북'은 머리의 양쪽에 있는 붉은 무늬가 귀를 닮았다고 하여 붙인 이름이라고 합니다. 환경부에서는 녀석을 생태계 교란 야생동물로 지정하여 퇴치 운동을 벌이고 있습니다.

부산의 도마뱀부치를 찾아서

우리나라에 살고 있는 도마뱀의 종류는 모두 세 종이 있습니다. 도마뱀과 북도마뱀, 또 하나는 도마뱀부치입니다. 그중에서도 전국에 분포하고 있는 도마뱀은 우리에게도 잘 알려져 있습니다. 도마뱀의 꼬리를 잡으면 떨어진다는 것은 모두가 알고 있는 사실입니다.

이에 비해 도마뱀부치란 녀석은 잘 알려지지 않았습니다. 도마뱀부치는 서식지가 부산, 마산, 창원 등지로 한정되어 있고, 산이나 들판이 아닌 오래된 건물의 벽이나 주택지, 학교 담장 등에만 살고 있어서 그리 눈에 띄지 않습니다.

우리나라의 양서·파충류 카페에서 부산의 도마뱀부치에 대해 잘 알고 있는 이우철 학생을 알게 되었습니다. 2013년 7월 20일, 이 친구에게 전화를 걸어 도마뱀부치의 서식지와 실체를 보고 싶다고 하니 반가운 목소리로 꼭 내려오라고 합니다.

같은 해 7월 26일, 도마뱀부치를 보러 가기로 결정을 하고 설레는 마음으로 부산에 살고 있는 친구에게도 전화를 했습니다. 고등학교 시절, 나와 함께 삼총사처럼 붙어 다녔던 두 친구가 있었습니다. 우리는 하루가 멀다 하고 매일 만나서 열심히 놀았습니다. 우리 셋은 1, 2학년 때는 같은 반이었지만 3학년 때는 공교롭게도 다른 반이 되었습니다. 지금은 세 명 모두 다른 길을 가고 있지만 이 친구들 덕분에 학창 시절을 참 즐겁게 보냈습니다. 지금도 이 친구들과 만나면 고등학생 때 이야기를 많이 합니다. 나는 교사, 한 친구는 경찰, 또 한 친구는 부산에서 개인택시를 운영하고 있습니다. 부산에 있는 친구는 내가 오면 택시로 안내를 해주겠다고 합니다.

우리는 부산역에서 만났습니다. 친구도 친구지만 도마뱀부치를 보고 싶은 마음에 친구의 택시를 타고 곧장 약속 장소로 향했습니다. 도착하니 이우철 학생이 반갑게 맞아주었습니다. 다함께 밀면으로 식사를 한 뒤 곧바로 도마뱀부치의 서식지로 이동했습니다. 도마뱀부치는 다른 개구리나 도롱뇽, 뱀과는 달리 주택가에서 살고 있습니다. 부산에는 아직도 오래된 집들이 많아서 개체 수가 잘 유지되고 있는 듯합니다.

우리는 한 대학의 주택가를 탐사하기로 했습니다. 이우철 학생의 집이 그 근처라 어릴 때부터 도마뱀부치를 많이 보면서 자랐다고 합니다. 주택가를 한참 돌아다니고 있는데 벽에 희미한 물체가 이동하는 것이 보였습니다. 손전등으로 비추어보니 네 다리가 선명하게 보이는 게 도마뱀부치가 확실했습니다.

여태까지 도감으로만 봐왔던 녀석을 실제로 보니 기분이 좋았습니다. 늘 하듯이 급히 카메라를 꺼내어 재빨리 사진을 찍었습니다. 이 녀석은 주로 밤에 가로등 근처의 집 벽이나 담벼락에서 많이 보인다고 합니다. 아무래도 불빛 아래로 먹이가 잘 모이기 때문인 것 같습니다.

이곳저곳을 다니면서 관찰하고 있는데 큰 담벼락에 둥근 구멍이 뚫린 곳이 눈에 띄었습니다. 무심코 그곳을 전등으로 비추어보니 구멍 위쪽에 작은 알이 매달려 있는 것이 보였습니다. 옆에 있는 우철 학생에게 물어보니 도마뱀부치 알이라고 합니다. 자기도 이렇게 많은 알을 보기는 처음이라고 하면서 좋아합니다.

큰 구멍의 안쪽은 막혀 있고 바깥쪽은 뚫려 있었습니다. 침입자로부터 알을 안전하게 지킬 수 있는 이런 곳이 녀석들의 좋은 산란지라고 합니다. 도마뱀부치 알은 가을이 되면 안에서 부화합니다.

계속해서 이 집 저 집의 담벼락과 벽을 전등으로 비추며 관찰하니 많은 개체가 보였습니다. 이 녀석은 발가락이 마치 물갈퀴가 달린 것처럼 넓고, 발바닥에는 여러 개의 빨판이 있어 벽이나 천장 등을 잘 오르내립니다. 또한 도마뱀처럼 꼬리를 세게 잡으면 떨어집니다. 처음 관찰에서 이렇게 많은 녀석들을 보다니……. 오늘은 운수 좋은 날입니다!

녀석은 몸길이가 10~15센티미터까지 자랍니다. 몸은 대체로 납작하며, 주둥이와 꼬리가 깁니다. 등은 갈색이나 회색을 띠고 있으며, 머리부터 꼬리까지 검은색 무늬와 흰색의 점무늬가 불규칙하게 있고, 꼬리에는 가로무늬가 있습니다. 또 주변 환경에 따라 조금씩 변하는 보호색을 띱니다. 배에는 특별한 무늬가 없지만, 흰색이나 옅은 갈색 바탕에 작은 검은색 점들이 여기저기 흩어져 있습니다. 몸길이에 비해 머리와 입, 눈은 큰 편입니다.

우리나라에서는 부산에서 처음 발견되었으며, 아파트보다는 단독 주택의 벽이나 창고, 지붕 아래에서 생활합니다. 필리핀이나 베트남에서는 일반 집이나 호텔 벽에서도 많이 볼 수 있습니다. 낮에는 장독이나 화분 밑, 창고 등에 들어가 있고, 밤이 되면 나와서 먹이 활동을 합니다. 가로등이나 등불 아래로 날아드는 나방, 모기, 파리 등을 잡아먹고, 움직이는 벌레를 발견하면 재빨리 이동하여 긴 혀로 잡아 삼킵니다.

녀석은 4월 말이나 5월에 겨울잠에서 깨어나서 활동을 합니다. 6, 7, 8월에 짝짓기를 한 후 평균 한 마리당 알 두 개를 낳고, 낳은 알은 벽에 붙입니다. 도마뱀부치 알은 흰색에 타원형이며, 50~80일이 지나면 부화합니다. 암수는 온도에 따라 결정되는데 보통 섭씨 31도 이상이거나 24도 이하에서는 암컷이 부화하고, 28도쯤 유지가 되면 수컷으로 부화한다고 알려져 있습니다. 10월 말이 되면 벽의 틈이나 죽은 나무 속으로 들어가 겨울잠을 잡니다.

도마뱀부치는 어떻게 부산, 마산, 창원 등지에서만 살게 되었을까요? 여기에는 두 가지 학설이 있습니다. 하나는 일본이나 동남아시아에서 수입해온 목재에 함께 실려 들어왔다는 설입니다. 또 하나는 1885년 우리나라에서 처음 채집된 기록이 있어 애초부터 이곳에 살았던 것이 아니겠냐는 주장입니다. 아직도 정확한 학설은 정해지지 않았으며 계속 연구 중에 있습니다.

나를 안내해준 우철 학생에게 고맙다는 인사를 하고 친구와 함께 숙소로 향했습니다. 친구는 부산 자랑을 한참 했습니다. 태어난 곳은 충청도이지만 이곳에서 오래 살다 보니 부산 사나이가 다 된 것 같습니다. 우리는 학창 시절의 이야기를 하면서 밤을 지새웠습니다.

● 도마뱀부치의 서식지

도마뱀부치는 오래된 건물의 벽이나 주택지, 학교 담장을 좋아합니다. 이런 곳은 알을 낳을 은신처가 많으며, 밤에 가로등 밑에 모여드는 먹이를 쉽게 구할 수 있어 도마뱀부치가 좋아합니다.

● 도마뱀부치의 생태

건물의 틈이나 석축, 벽에 뚫린 구멍에 한 마리가 두세 개의 알을 낳습니다.
도마뱀부치 알은 크기가 약 1.5센티미터쯤 됩니다.

앞뒤의 발가락 끝이 넓게 퍼져 있고, 특히 발바닥에 작고 둥근 흡반이 많아서
유리창, 벽, 천장 등을 자유롭게 이동할 수 있습니다.

눈은 둥글지만 동공은 기다랗습니다.

발이 네 개, 발가락은 다섯 개입니다.

꼬리는 길며 세게 잡으면 도마뱀처럼 끊어집니다.

배는 흰색이나 옅은 갈색 바탕에 작은 검은색 점들이 여기저기 흩어져 있습니다.

가로등에 모여드는 나방이나 작은 곤충을 즐겨 먹습니다.

도마뱀

도마뱀은 몸이 미끈하고 반질반질하여 '미끈도마뱀'이라고도 불립니다. 다리가 네 개, 발가락이 다섯 개이며 발가락은 가늘고 긴 편입니다. 몸통에 비하여 꼬리가 길고 꼬리를 세게 잡으면 잘립니다. 잘린 꼬리는 한동안 격하게 움직입니다. 포식자의 시선을 꼬리 쪽으로 돌려놓고 몸통은 재빨리 도망갑니다.

꼬리는 잘리면 다시 나는데 새로 난 꼬리는 몸통과 색깔이 다르고 원래 있던 꼬리보다 짧아서 쉽게 구분이 됩니다. 생식 시기에 페로몬을 분비하는 서혜인공(鼠蹊鱗孔, 샅에 있는 비늘 구멍이라는 뜻)은 가지고 있지 않습니다.

또한 도마뱀은 습기가 많은 낙엽 밑이나 돌 밑을 좋아합니다. 낮에는 이런 곳에 숨어 있다가 가끔 햇볕이 나면 볕을 쬐러 나옵니다. 야행성이라서 밤에 먹이 활동을 합니다.

몸의 전체 길이는 8~12센티미터로 몸통이 왜소하고 긴 편입니다. 등은 어두운 갈색으로 윤이 나고, 옆면은 검은 반점이 많으며, 배는 밝은 회색을 띱니다. 입이 작아서 서식지 주변에 있는 작은 곤충이나 거미를 잡아먹습니다. 여름에 다섯 개에서 여덟 개 정도 알을 낳고, 겨울이 오면 돌 밑이나 낙엽 아래 흙 속으로 들어가 겨울잠을 잡니다.

도마뱀

꼬리가 잘린 도마뱀

잘린 도마뱀 꼬리

새로 꼬리가 난 도마뱀

북도마뱀

계곡 주변의 풀밭이나 밭 또는 돌이 많은 곳을 좋아합니다. 몸 전체 길이는 7~10센티미터입니다. 등은 어두운 갈색이며, 도마뱀과 달리 머리에서부터 등과 꼬리를 지나는 검은색의 줄이 여러 개 있습니다. 옆면에도 검은색 무늬가 보입니다. 배는 밝은 회색을 띱니다.

주로 작은 곤충을 잡아먹습니다. 도마뱀과 다르게 여름에 새끼를 낳는 난태생이며, 개체 수가 적습니다. 1982년에 새로운 종으로 발표되었는데, 생식 시기나 짝짓기 등 아직 밝혀지지 않은 부분이 많이 있습니다.

금강의 무자치를 찾아서

 2015년 5월 17일, 함께 근무하는 노기현
선생님께 전화가 왔습니다. 금강의 물가로 다슬기를 잡으러 가자는 이
야기입니다. 우리는 바로 다슬기를 잡을 채비를 갖추고 출발했습니다.
날씨가 화창하고 선선하여 나들이를 가기에 좋은 날이었습니다. 차는
경부고속도로를 지나 금강휴게소에 도착했습니다. 그곳에서부터 금강
변을 따라 내려갑니다.

 5월의 싱그러운 날, 연두색의 나뭇잎들이 반짝반짝 빛나고 금강의 물
결은 은빛 물보라를 일으키고 있었습니다. 금강휴게소는 전망이 좋고
풍광이 아름다워 많은 사람들이 차를 세워두고 쉬었다 가는 곳입니다.
강변 곳곳에 낚시를 하는 사람, 다슬기를 잡는 사람, 보트를 타는 사람

들이 보입니다.

우리는 강물을 보면서 강변도로를 따라 아래로 내려갔습니다. 한참을 내려가니 금강과 지천이 만나는 곳이 나옵니다. 이곳에서 지천을 따라 올라가면 물이 맑고 바위가 많은 곳이 나타납니다.

차를 세워두고 냇가로 내려갔습니다. 맑은 물이 힘차게 흐르면서 뽀얀

휴게소 옆으로 푸른 금강이 휘돌아 나갑니다.

포말을 만들어냅니다. 투명한 물속에는 이름 모를 수많은 물고기들이 저마다의 자태를 뽐내며 강물의 상류를 향해 올라가고 있었습니다.

우리는 냇가의 바위가 많은 곳에 짐을 내려놓고 다슬기를 잡기 시작했습니다. 한참 다슬기를 잡고 있는데 넓은 바위 밑을 보니 낯익은 녀석이 보였습니다. 혀를 날름거리면서 움직이지 않고 가만히 나를 주시하는 녀석은 무자치였습니다. 녀석은 이곳이 자신의 집인지, 도망갈 생각도 없이 혀만 열심히 날름거렸습니다. 평소와 마찬가지로 허리에 차고 있던 디지털카메라를 꺼내어 사진을 찍었습니다.

무자치는 '물뱀'이라고도 하는데 물을 좋아하여 물가에 주로 살고 또 헤엄을 잘 친다고 해서 그런 이름이 붙었습니다. 지방에 따라 '물뱀', '무

재수', '무자수' 등으로도 불립니다. 모두 물과 관련된 이름입니다. 녀석은 저수지나 물웅덩이 주변에 살면서 날이 더우면 물속에 들어가 있기도 하고, 갈대나 버드나무 위에 올라가 새 둥지에 있는 알, 새, 또는 청개구리를 잡아먹기도 합니다. 모내기가 끝나면 참개구리나 다른 개구리들을 잡아먹기 위해 논에서 살아가기도 합니다.

무자치는 몸 색깔이 갈색이라 흙과 풀 속에 있으면 잘 보이지 않습니다. 머리의 위쪽에는 '∧' 모양의 검고 굵은 무늬가 뚜렷하며, 눈 뒤쪽에도 검은색 선이 있습니다. 몸 전체에 검은색의 둥근 무늬가 있고, 머리에서 꼬리 쪽으로 붉고 누런색의 줄무늬가 있습니다. 배는 노란색을 띠는데 사각형의 검은색 무늬가 불규칙하고 길게 연결되어 있습니다.

무자치는 일광욕을 할 때는 가만히 있지만 평소에는 가만히 있지 못하고 물이나 흙, 풀 속을 잘 다닙니다. 주로 물가에 살고 있는 개구리들을 잡아먹지만 작은 민물고기를 먹기도 합니다.

또한 녀석은 배 속에서 알이 발생하여 새끼를 낳는 난태생이며, 7월에서 8월에 물 주변에 있는 밭이나 논두렁에서 다섯 마리에서 열 마리까지 새끼를 낳습니다.

바위 밑에 사는 무자치는 내가 사진을 찍는 동안에도 크게 움직이지 않고 혀만 열심히 날름거렸습니다. 오늘은 얌전한 모델을 만난 것 같습니다.

다슬기를 열심히 잡고 사진도 많이 찍어서 그런지 어느새 12시가 훌쩍 지나 있었습니다. 배가 고픈 것을 보니 점심때인가 봅니다. 우리는 잡은 다슬기를 챙겨서 다시 금강휴게소 쪽으로 올라갔습니다.

끝없이 이어진 강물은 항상 아래를 향해 흘러갑니다. 흘러가는 강물은 햇빛을 받아 더욱 반짝거립니다. 금강휴게소에서 커피 한 잔을 마시고 집으로 향했습니다. 무자치는 지난날 가장 흔한 뱀이었지만 지금은 많이 볼 수 없게 되었습니다. 집으로 돌아가는 차 안에서도 조금 전에 본 무자치의 모습이 자꾸 떠오릅니다.

● 무자치의 서식지

큰 강변이나 냇가 옆이 무자치의 주 서식처입니다. 논에는 무자치가 좋아하는 참개구리, 옴개구리, 청개구리, 금개구리가 많이 있습니다. 물가나 농수로에서 자라는 갈대, 농사를 짓기 위해 만든 저수지 주변은 몸을 쉽게 숨길 수 있어 무자치가 좋아합니다.

전체 몸길이는 50~100센티미터입니다. 몸은 갈색 바탕에 노란빛을 띠며 지역에 따라 약간씩 색깔이 다릅니다. 혀는 검은색으로 끝이 두 줄로 갈라져 있습니다.

왼쪽_머리의 윗부분에 하트 모양을 띤 개체도 있습니다.
가운데_밝은 노란색을 띤 배에는 검은 사각형의 무늬가 불규칙하게 연결되어 있습니다.
오른쪽_몸통의 윗부분과 옆은 검은색 무늬가 흩어져 있고 회색빛을 띤 갈색 줄무늬도 보입니다.

날이 디운 여름이면 시원한 물속에 들어가 몸을 식힙니다.

논, 물가, 나무 위, 풀 위에서 살아가는 청개구리와 넓은 논이나 농수로에서 살아가는 금개구리는 무자치가 좋아하는 먹이입니다.
녀석은 자신의 입보다 큰 참개구리를 천천히 통째로 삼킬 수 있습니다.

무자치가 옴개구리를 잡아먹는 모습을 사진에 담으려는 순간 녀석이 먹이를 놓치고 말았습니다. 옴개구리는 배를 드러내놓고 얼마 동안 죽은 시늉을 하면서 누워 있습니다.
옴개구리의 독은 무자치에게는 큰 영향을 주지 않는 것 같습니다.

계룡산과 석교에서
유혈목이를 만나다

　　　　　　　　주말은 아무래도 평일보다는 마음이 여유
롭습니다. 평소 등산을 좋아하여 특별한 일이 없으면 주말에는 산에 갑
니다. 버스를 타면 30분 거리에 계룡산의 수통골이라는 곳이 있습니다.
내가 즐겨 찾는 곳입니다.

2008년 9월 16일, 수통골에 가기로 마음을 정하고 버스에 몸을 실었
습니다. 기승을 부리던 무더위도 한풀 꺾이고 아침저녁으로 제법 선선
한 바람이 붑니다. 오랜 버릇처럼 허리춤에는 카메라가 매달려 있습니
다. 수통골 초입, 버스는 마무리 승객을 내려놓고 달아났습니다. 여기
서부터는 걸어가는 게 좋습니다. 수통골 계곡은 바위와 자갈이 많아서
비가 오면 물이 일시에 흘러내립니다. 하지만 며칠 동안 비가 내리지

않으면 물이 자갈 속으로 모두 들어가 말라버립니다. 물이 돌 아래에서 흐르기 때문입니다. 이런 하천을 건천이라고 합니다.

　요즘은 등산객들이 많이 늘어나서 입구부터 차와 사람들로 벅적입니다. 사람들의 등산복을 보니 참 종류도 많고 디자인도 화려합니다. 손에는 모두 지팡이가 들려 있습니다. 계곡 양쪽에는 소나무가 푸르름을 자랑하고 있습니다.

　산길을 걷고 있는데 물 근처에서 도마뱀 한 마리가 쏜살같이 길을 가로질러 산속으로 달아납니다. 도마뱀은 비록 덩치는 작지만 행동은 매우 민첩합니다. 한참을 올라가다 길가의 덩굴 속에서 또 무엇인가 꿈틀거리는 것이 보였습니다. 살금살금 가까이 가보니 혀를 날름거리는 뱀이 있었습니다. 보자마자 유혈목이라는 사실을 알았습니다.

　녀석은 순식간에 덩굴을 타고 계곡 쪽으로 사라졌습니다. 다행히 카메라가 허리에 있어서 사진 몇 장을 찍었습니다. 유혈목이는 8, 9월에 논, 풀밭, 계곡 근처 등 여러 곳에서 볼 수 있습니다.

　2013년 8월 25일, 환경 단체에서 양서·파충류에 대한 강의를 요청받아 대전광역시 석교동으로 향했습니다. 석교동은 대전천이 흘러가는 동네입니다. 강의실에 도착하니 강의를 시작하려면 아직 한 시간 정도 시간이 남아 있습니다. 강의실 주변에 흐르고 있는 대전천을 둘러보기로 하고 강가로 향했습니다. 그곳에는 이 동네의 상징인 석교石橋가 있습니다. 석교동은 글자 그대로 '돌다리'가 있는 동네를 뜻합니다.

다리 밑을 지나가는데 보도의 경계석 아래로 까만 머리가 움직이는 것이 보였습니다. 살금살금 가까이 다가가니 유혈목이입니다. 숨을 죽이고 녀석이 나오기만을 기다리며 카메라 초점을 맞춥니다. 한참 후에 녀석이 천천히 나오기 시작했습니다. 덕분에 운 좋게도 사진을 여러 장 찍을 수 있었습니다. 머리, 목, 몸통, 꼬리 등을 모두 찍었습니다.

녀석은 보도의 경계석을 지나 호박꽃이 있는 풀 속으로 들어갔습니

 ## 대전광역시 중구 석교동의 유래

조선시대 광해군 때 판결사에 올랐던 남분봉이 낚시를 하다가 놓아준 잉어가 꿈속에 나타났다는 이야기가 있습니다. 꿈속의 잉어가 다리를 닮은 큰 돌이 있는 곳의 위치를 알려주어 그 돌로 내에 다리를 놓았더니 사람들이 그 다리를 '돌다리'라 불렀다고 합니다.
이 돌다리를 한자로 표기하여 석교라 하였으며, 근처 마을의 이름 또한 이것에 연유하여 석교리라 하였고, 1949년에 오늘날의 석교동이 되었습니다. 현재 대전천 위로는 콘크리트와 돌로 만든 석교가 있습니다.

석교

다. 가만히 지켜보니 스르르 허물을 벗으며 지나갑니다. 허물은 그대로 있고 몸만 앞으로 빠져나갑니다. 그 장면도 다행히 여러 장 찍을 수 있어 좋았습니다.

유혈목이는 계곡 주변에도 있지만 민가 주변이나 강가의 풀밭에도 있으며, 풀 속에 있을 때는 위장을 잘하여 안 보일 때도 있습니다. 행동이 민첩하여 가만히 있지 못하고 인적이 드문 곳에서는 빠르게 움직입니다.

마음먹고 보고 싶었던 것을 보러 가면 아쉽게도 보지 못할 때가 있습니다. 그런데 전혀 뜻밖의 상황에서 그것을 보게 될 때도 있습니다. 다행히 나는 항상 카메라를 가지고 다니는 버릇이 있어서 그런 기회가 왔을 때 쉽게 놓치지 않습니다. 오랜 경험에서 터득한 나만의 비법이라고나 할까요.

유혈목이는 몸길이가 60센티미터에서 150센티미터까지 자랍니다. 몸 전체가 녹색을 띠고 있으며, 머리 위쪽도 녹색입니다. 눈 주변과 뒤쪽, 그리고 꼬리 끝까지 검은색 무늬가 있습니다. 혀는 검은색으로 끝이 두 갈래로 갈라져 있습니다. 목 주변에 붉은색 무늬와 검은색 무늬가 보이는데, 이 무늬는 몸통과 꼬리에는 없습니다.

녀석은 예전에는 비교적 개체 수가 많았지만 지금은 많이 줄었습니다. 무자치처럼 물을 좋아하여 헤엄을 잘 치며, 저수지나 물웅덩이 주변에 참개구리를 비롯하여 많은 개구리가 서식하고 있어 먹이를 노리고 이곳 주변에 있기도 합니다. 살모사들과 달리 입 안쪽에 독니가 숨어 있어 과거에는 독이 없는 것으로 알려졌지만, 지금은 먹이를 잡을 때 독니를 주로 이용하는 것으로 알려져 있습니다.

서식지에 있는 개구리를 가장 좋아하며 민물고기나 쥐, 새 등도 잡아 먹습니다. 7, 8월에 알을 낳고, 약 40일이 지나면 새끼가 깨어납니다.

지방에 따라 '늘메기', '율메기' 등으로 부르던 것을 표준어로 하려다 보니 '유혈목이'라는 이름이 붙은 듯합니다. 이 외에도 '너불대', '꽃뱀', '화사' 등으로도 불립니다. 너불대란 가만히 있을 때도 혀를 날름거리는 모습을 빗댄 말이며, 꽃뱀이나 화사는 머리나 목 주변이 꽃처럼 화려한 색깔을 띠고 있어 붙은 이름입니다.

석교 밑에서 마주한 유혈목이의 모습이 자꾸만 떠오릅니다.

::: 들여다보기!

● 유혈목이의 서식지

수통골 계곡의 하류 쪽 물가에는 갈대와 달뿌리풀이 자라며, 주변에는 소나무가 많습니다.

유혈목이는 덩굴이나 나무를 잘 올라갑니다.
덩굴 위에 있을 때는 몸이 녹색으로 변해 잘 보이지 않습니다.

● 유혈목이의 생태

어린 개체는 성체와 색깔이 비슷하며, 활발하게 활동
합니다.

성체는 목 주변으로 붉은색 무늬가 더욱 뚜렷합니다.

머리 안쪽에 독샘이 있습니다.
독니는 입 안쪽에 있습니다.

민가 주변에 나타난 녀석이 재빠르게 움직이면서 허물을 벗고 있습니다.

유혈목이가 벗어놓은 허물

참개구리를 잡아먹는 유혈목이

물을 좋아하여 몸을 S자로 굽히면서 물 위를 잘 다닙니다.

위험이 닥치면 목을 똑바로 세우고 경계 자세를 취합니다.
혀를 날름거리고 머리를 좌우로 돌리면서 잔뜩 긴장한 모습으로 주변을 살핍니다.

대륙유혈목이

논과 밭 주변, 숲속의 산림지대, 해안가의 초지 등에서 발견됩니다. 행동반경이 좁고 다른 뱀보다 느린 편입니다. 머리는 유혈목이와 비슷하지만 유혈목이보다 몸이 가늘고 짧으며 몸통의 무늬가 달라 쉽게 구별이 됩니다. 혀 색깔도 붉은색, 검은색, 노란색으로 유혈목이와는 다릅니다. 전국에 분포하며 다른 뱀보다 개체 수가 매우 적지만 제주도에서는 개체 밀도가 높습니다.

살모사처럼 송곳니가 있지만 독은 없습니다. 몸길이는 40~60센티미터로 작고, 등은 검은 갈색을 띠며, 배는 누런색과 검은 갈색을 띱니다. 먹이로는 작은 개구리, 지렁이, 올챙이 등이 있습니다. 여름이 오기 전에 짝짓기를 하며, 여름에 알을 네 개에서 아홉 개 낳습니다. 겨울이 오면 땅속에 들어가 겨울잠을 잡니다.

'대륙유혈목이'라는 이름은 몸이 왜소하고 성격도 온순하니 대륙의 강한 기질을 가지고 튼튼하게 자라라는 뜻에서 붙였다고 합니다.

대전 관평천의 줄장지뱀 이야기

        내가 근무하는 학교의 학생들 중에는 동물과 식물에 관심이 많은 학생들이 제법 있습니다. 이런 학생들을 모아서 만든 동아리가 바로 '생물 탐구반'입니다. 해마다 3월이면 동아리를 새로 꾸리는데, 생물 탐구반으로 온 학생들은 동물과 식물에 관심이 많아서 관찰하고 탐구하기를 좋아합니다.

  생물 탐구반은 동물을 좋아하는 학생들과 식물을 좋아하는 학생들로 나뉩니다. 우리 학교는 부지가 넓은 편이라 교내에 식물이 많습니다. 식물을 좋아하는 학생들은 교내 나무 이름 알기, 나무 지도 그리기, 꽃 지도 그리기 등의 주제를 정하여 재미있게 탐구를 합니다.

  학교 주변에는 관평천이 흐르고 있어 하천 근처에 새, 곤충, 양서류,

파충류 등이 어우러져 살고 있습니다. 동물을 탐구하는 학생들은 주로 이 관평천에서 활동합니다. 특히 하천 주변에는 줄장지뱀이 많이 살고 있습니다. 줄장지뱀을 탐구 주제로 정한 학생들은 2주에 한 번쯤 줄장지뱀의 사진도 찍고 서식지를 관찰하며 탐구를 합니다.

줄장지뱀은 우리나라의 전역에서 관찰되며 낮은 야산에서부터 고산지대까지 분포하고 있습니다. 낮은 지대에서는 논과 밭두렁, 하천의 가장자리에서 관찰되고, 산에서는 계곡 주변에서 잘 보입니다.

'줄장지뱀'이라는 이름이 붙은 이유는 머리부터 눈과 고막, 뒷다리까지 흰 줄이 있고, 또 꼬리가 길기 때문입니다. 녀석은 머리부터 꼬리까지의 길이가 15~20센티미터이며, 꼬리가 몸통에 비해 약 두 배 이상 깁니다. 등의 색깔은 갈색과 회색 그리고 흰색을 띠지만 주변과 사는 지역에 따라 조금씩 다양한 색깔을 보입니다. 배는 무늬가 없는 흰색을 띠며, 다리는 가늘고 길게 생겼습니다.

보통 4월이 되면 겨울잠에서 깨어나 짝짓기를 하고, 6~7월에 흙 속의 구멍이나 낙엽 아래에 알을 대여섯 개 낳습니다. 입이 작아서 큰 먹이는 먹지 못하며 서식지 주변에서 살고 있는 작은 곤충과 거미, 애벌레 등을 먹습니다.

줄장지뱀 뒷다리의 샅 근처에는 양쪽으로 작은 구멍이 있는데, 이것을 서혜인공이라고 합니다. 여기에서 짝짓기 철에 암컷을 유인하는 페

로몬이 나옵니다. 줄장지뱀은 서혜인공이 각각 두 개씩 있습니다.

녀석은 도마뱀처럼 꼬리를 세게 잡으면 꼬리가 끊어집니다. 위험한 환경에 처하면 스스로 자신의 꼬리를 자르는 것이 녀석의 습성입니다. 끊어진 꼬리는 한동안 움직이면서 살아 있는 것처럼 보입니다. 포식자로부터 시선을 유도하여 몸통이 달아나기까지의 시간을 벌기 위함입니다. 한 번 끊어진 꼬리는 다시 나지만 두 번 끊어진 꼬리는 다시 나지 않습니다. 새로 난 꼬리는 원래의 꼬리와 색깔과 크기가 다릅니다.

줄장지뱀은 햇볕을 좋아하기 때문에 녀석을 관찰하려면 맑은 날 햇빛이 있는 한낮에 나가는 것이 좋습니다. 천적을 만나면 네 다리와 긴 꼬리를 이용하여 빠른 속도로 풀 속으로 도망가거나 나무 위로 올라갑니다.

2014년과 2015년에는 학생들과 관평천에서 줄장지뱀을 재미있게 관찰했습니다. 이곳에서 줄장지뱀이 오래 살아갈 수 있으면 좋겠습니다.

● 줄장지뱀의 서식지

줄장지뱀은 우리나라의 서해안에 발달한 사구, 내륙 지방의 야산이나 계곡 주변 등 다양한 환경
에서 살고 있습니다.

● 줄장지뱀의 생태

머리의 눈이 선명하게 보이며, 몸통의 흰 선은 꼬리 쪽에는 잘 보이지 않습니다.

꼬리를 자르고 도망가는 줄장지뱀입니다. 마치 트럭이
뒤쪽의 짐을 싣는 곳을 떼어 놓고 달려가는 듯합니다.

잘린 꼬리는 한동안 움직입니다.

네 다리와 긴 꼬리를 이
용하여 나무 위에서 먹
이를 잡아먹기도 하고
일광욕도 즐깁니다.

사구에서 표범장지뱀을 만나다

내가 근무하는 학교에는 낚시를 좋아하는 선생님들이 몇 분 있습니다. 선생님들은 지렁이, 떡밥, 새우 같은 생미끼를 사용하는 일반 낚시보다 모조 미끼를 쓰는 루어lure낚시를 즐깁니다. 떡밥은 물을 오염시키는 데다가 지렁이며 새우 등을 손으로 만지는 것은 비위생적이라, 단순하면서도 위생적인 루어낚시를 즐긴다고 합니다. 초등학교 시절에는 수수깡을 이용하여 낚시를 했는데 지금은 낚시 도구도 발전하여 그때와는 많이 달라졌습니다.

루어낚시로 바닷가에서 우럭을 잡아 올리는 재미는 해본 사람만이 알수 있습니다. 갓 잡아 올린 우럭으로 회를 떠서 초고추장에 찍어 먹으면 시원한 바닷바람에 감겨드는 새콤달콤한 맛이 일품입니다. 그 맛은 어떤 것과도 비교할 수 없습니다.

나는 가끔 충남 서천의 방조제를 찾아갑니다. 방조제는 중간 부분이 바다 한가운데 불룩하게 나와 있어 주변 물이 깨끗하고, 밀물 때 고기가 많이 들어와 낚시 포인트로는 안성맞춤입니다. 대전에서 두 시간이나 달려 그곳을 찾아가는 이유입니다.

2009년 9월 26일, 토요일입니다. 특별한 일이 없어 낚시를 좋아하는 노기현 선생님께 전화를 했습니다. 낚시를 가자는 나의 제의에 노 선생님은 흔쾌히 응했고, 우리 두 사람은 곧바로 길을 나섰습니다.

차는 시원스러운 호남고속도로를 달려 논산, 부여, 서천을 지나 부사 방조제에 도착했습니다. 사실 나는 낚시보다도 다른 꿍꿍이가 있었습니다. 우리나라의 서해안에는 많은 사구가 형성되어 있습니다. 이곳은 몇 달 전부터, 아니 몇 년 전부터 관찰하고 싶었던 '표범장지뱀'이 살고 있는 곳입니다.

선생님이 낚시를 하는 동안 나는 사구를 관찰했습니다. 입구에서부터 안쪽으로 천천히 살피며 나아갔습니다. 우리나라의 서해안 사구에는 대표적으로 해당화, 좀보리사초, 갯메꽃이 자라고 있습니다. 이들은 뿌리가 길고 키가 작아서 바람이 불고 물이 많이 없는 환경에 잘 적응해 왔습니다. 이들이 자라는 곳은 햇빛이 차단되어 표범장지뱀의 좋은 은신처이며, 또 표범장지뱀의 먹이가 되는 작은 곤충도 많이 있습니다.

좀보리사초 아래에서 표범장지뱀이 몸을 숨기고 있습니다.

사구의 중간쯤에 도착했을 때 눈앞에서 모래를 헤치며 지나가는 어떤 녀석이 흐릿하게 보였습니다. 순식간이었습니다. 녀석은 내 앞을 휙 지나쳐 멀찌감치 도망가 모래 속으로 사라졌습니다. 표범장지뱀이란 걸 직감할 수 있었습니다. 사진 촬영은 고사하고 관찰조차 어려울 정도로 행동이 매우 민첩한 녀석이었습니다.

이번에는 숨소리와 발걸음 소리를 줄이고 천천히 수색을 시작했습니다. 100미터쯤 전진했을 때 풀숲 사이로 또 한 녀석의 꼬리가 보였습니다. 심호흡을 한 번 하고 조심스러운 몸짓으로 살금살금 다가가니 녀석은 그대로 가만히 있었습니다. 선명한 표범 무늬, 네 다리, 반짝이는 눈,

긴 꼬리, 바로 표범장지뱀이었습니다.

카메라를 급히 조준하여 정신없이 셔터를 눌렀습니다. 몇 년 동안 그렇게도 사진에 담고 싶었던 녀석이 바로 눈앞에 있다니……. 나는 심장이 멎는 줄 알았습니다. 한참 그곳에서 녀석을 주시했습니다. 녀석도 나의 마음을 알았는지 움직이지 않고 눈만 깜빡깜빡했습니다. 그러다가 녀석은 쏜살같이 풀숲으로 달아났습니다.

'표범장지뱀'이란 이름은 몸통과 꼬리에 동글동글한 무늬가 마치 표범 무늬 같다고 해서 붙인 이름입니다. 하지만 개체에 따라 무늬가 다른 녀석도 있습니다. 머리부터 꼬리 끝까지의 길이는 12~17센티미터이며, 몸 색깔이 모래의 색깔과 비슷하여 관찰하기가 어렵습니다.

이 녀석은 따뜻한 것을 좋아해 해가 뜨면 나와서 활동을 합니다. 또 모래찜질을 좋아하여 평소에는 모래 속에 숨어 있다가 먹이가 지나가면 나와서 잡아먹습니다. 녀석은 모래 속에 들어갈 때 앞발로 땅을 파고 뒷발로 모래를 밀어내면서 들어갑니다. 네 다리가 몸통의 옆으로 나와 있어 모래에 빠지지 않고 모래밭을 빠르게 이동할 수 있습니다. 몸의 움직임이 매우 빨라 관찰하기 어렵고 사진 찍기는 더욱 어렵습니다.

7~8월이 되면 모래 속에 알을 네 개에서 일곱 개까지 낳는데 알은 보름쯤 지나면 부화합니다. 추위를 싫어해 줄장지뱀이나 아무르장지뱀보다 일찍 겨울잠을 잡니다.

녀석은 서식지에서 멀리 이동하지 않고 살아갑니다. 최근의 연구에 따르면 표범장지뱀은 평균 50미터 내외에서 서식하는 것으로 나타났으며, 최대 이동 거리는 1일 300미터 이상, 행동권은 84제곱미터로 조사되었습니다.

올해도 햇살 좋은 날에 루어낚시를 가자고 노기현 선생님께 전화를 해볼까 합니다.

::: 들여다보기!

● 표범장지뱀의 서식지

표범장지뱀은 우리나라의 서해안처럼 모래밭
이 많은 곳에서 주로 서식합니다. 추위를 싫
어하여 찬바람이 불고 기온이 내려가면 모래
를 파고 들어가 겨울잠을 잡니다.

바닷가에서는 사구의 모래밭에서 살지만, 내륙 지방에서는 큰 강이 흐르는 강가의 모래밭이나
제방에서 삽니다.

● 표범장지뱀의 생태

머리가 납작하고, 머리 위는 비늘로 덮
여 있으며, 몸통보다 꼬리가 깁니다.

두 뒷다리 샅에는 서혜인공이 있습니다. 왼쪽과 오른쪽 다리에 각각 열 개가 있습니다(동그라미로 표시한 부분). 배는 흰색을 띱니다.

등 색깔이 주변의 모래색과 비슷하여 천적들에게 잘 띄지 않습니다.

돌을 들어보니 표범장지뱀이 머리만 내밀고 있습니다.
조금 있으니 쏜살같이 모래 밖으로 나옵니다.

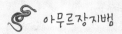 아무르장지뱀

꼬리가 길다고 해서 북한에서는 '긴꼬리도마뱀'이라고도 불립니다. '아무르장지뱀'이라는 이름은 중국의 헤이룽강(黑龍江) 주변의 아무르 지방에 많이 서식하고 있다고 해서 붙은 이름인 듯합니다.

녀석은 계곡, 저수지, 사구, 하천 주변을 좋아하며 깊은 산의 풀밭이나 등산로에서도 발견됩니다. 행동이 빠르고 민첩하며, 몸 전체의 길이는 15~22센티미터입니다. 또한 꼬리가 몸통보다 깁니다. 밝은 갈색을 띤 등에는 검은 반점이 있습니다. 배는 등보다 밝은 회색빛을 띤 흰색으로 무늬가 없고, 새끼들은 어미보다 더 어두운 색을 띱니다.

아무르장지뱀은 도마뱀과 비슷하게 생겼지만 자세히 살펴보면 다릅니다. 등과 옆면이 도마뱀보다 거칠거칠하고, 머리 위는 여러 개의 구획으로 나뉘어 있습니다.

녀석은 다리가 넷이고 각각 발가락이 다섯 개이며, 발가락은 길고 가늡니다. 발가락 끝에는 뾰족한 발톱이 있어 돌이나 나무 위를 잘 올라갑니다. 인두판(턱 아래의 비늘판)은 네 쌍이며, 작은 지렁이나 거미, 곤충 등을 잡아먹고, 여름이 되면 흙 속에 알을 네 개에서 일곱 개 낳습니다. 낳은 알은 보호하지 않고 방치해 둡니다. 한 달쯤 지나면 알에서 새끼가 부화합니다.

뒷다리의 안쪽에는 서혜인공이 서너 쌍 있습니다. 장지뱀류는 뒷다리와 몸통 사이에 서혜인공이 있습니다. 모래밭에 사는 표범장지뱀은 열한 쌍, 줄장지뱀은 한 쌍, 아무르장지뱀은 서너 쌍의 서혜인공을 가지고 있습니다. 이것으로도 장지뱀을 구분할 수 있습니다.

누룩뱀, 비바리뱀
그리고 실뱀

2008년 6월 7일, 찬샘마을을 찾았습니다. 찬샘마을은 양서류와 파충류가 많이 서식하고 있어 평소에도 자주 가는 곳입니다. 이곳은 봄, 여름, 가을, 겨울 언제든 갈 때마다 나에게 많은 선물을 주는 곳입니다. 봄에는 매화꽃과 복숭아꽃, 여름에는 온갖 이름 모를 야생화들, 가을에는 들국화가 나를 반겨줍니다. 마을 뒤쪽은 매화나무 밭이 있고 소나무 숲으로 둘러싸여 있습니다. 마을을 지나 뒷산의 매화나무 밭으로 올라가는데 큰 밭의 도랑에 무엇인가 움직이는 물체가 보였습니다. 바로 누룩뱀입니다.

누룩뱀은 계곡과 하천 주변, 밭두렁, 풀밭에서 많이 발견되며, 행동이 빠르고 민첩합니다. 등은 갈색 바탕에 누룩 모양의 붉은색 반점이 있고,

회색빛을 띤 흰색의 배에는 검은색 반점이 불규칙하게 있습니다. 먹이는 쥐, 새, 개구리 등인데 나무를 잘 타기도 하여 나무 위에 있는 새의 알이나 새끼도 잡아먹습니다.

여름이 오기 전에 짝짓기를 하고, 여름이 되면 적게는 일곱 개, 많게는 열세 개까지 알을 낳습니다. 겨울에는 나무 밑이나 돌 아래의 흙 속에 들어가 겨울잠을 잡니다.

'누룩뱀'은 등에 있는 붉은색 반점이 마치 술을 담글 때 쓰이는 누룩처럼 생겼다고 해서 붙인 이름입니다. 하지만 개체에 따라 이 반점이 안 보이는 것도 있습니다. 가만히 있지 못하고 활발하게 움직이며, 독은 없습니다. 낳은 알을 지키고 있다가 새끼가 부화하면 그 곁을 떠납니다.

'비바리'는 바다에서 해산물을 채취하는 처녀를 뜻합니다. 비바리뱀은 제주도에서만 서식한다고 해서 그런 이름이 붙은 것 같습니다. 몸의 길이는 40~65센티미터이고, 등의 색깔은 누런빛을 띤 갈색이며, 배는 밝은 누런색을 띤 것도 있고, 흰색을 띤 개체도 있습니다. 머리의 뒤쪽에 검은 선이 있고, 아래턱에는 흰 무늬가 있습니다.

행동이 빠르고 민첩하여 관찰하기가 어렵습니다. 1982년에 처음 발견된 후, 2004년에 새로운 종으로 보고되었습니다. 녀석은 제주도 오름 부근의 풀밭이나 삼림 속에서 볼 수 있으며, 먹이로는 장지뱀류와 도마뱀이 있습니다. 베트남, 타이 등 동남아시아에서 주로 서식하지만 자세한 생태는 알려지지 않았습니다. 멸종 위기 야생동식물 1급으로 지정되어 보호를 받고 있습니다.

실뱀은 숲속의 돌무덤, 계곡 주변, 하천가 등에서 관찰됩니다. 등에는 머리부터 꼬리 끝까지 흰색 줄무늬가 선명하게 있습니다. 몸에 검은색 점이 많이 있으며, 배는 노란색을 띱니다. 행동이 매우 빨라 비사(飛蛇, 나는 뱀)라고도 합니다. 몸이 가늘고 길어 몸 전체의 길이가 약 70~90센티미터나 됩니다.

먹이로는 주로 곤충이나 개구리 등의 양서류를 좋아하며 장지뱀류도 먹습니다. 여름이 오기 전에 짝짓기를 하고, 여름에 알을 일곱 개에서 열 개 낳습니다.

● 누룩뱀

● 비바리뱀

● 실뱀

양서류 알,
올챙이, 성체
분류 도감

◆ 각 대상의 월은 관찰이 가능한 시기이며, 지역이나 기후에 따라 다를 수 있습니다.
◆ 알과 올챙이 설명 글 옆의 쪽수에는 관련된 사진이 실려 있습니다.

북방산개구리

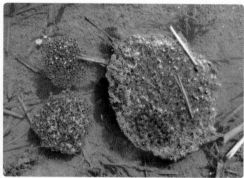

알 1~3월

- 뭉쳐 있던 알이 발생이 진행될수록 넓게 퍼져 물 위로 떠오름
- 알 한 뭉치의 지름은 15~20센티미터
- 알의 개수는 800~2000여 개

올챙이 2~4월

- 몸통은 타원형, 어두운 갈색과 누런 갈색의 개체가 있음
- 검은색 또는 노란색 반점이 머리에서 꼬리까지 있음
  ▶ **19쪽**

수컷 성체 1~10월

암컷 성체 1~10월

한국산개구리

알 2~4월

- 점성이 높아 서로 붙어 있음
- 알 한 뭉치의 지름은 6~10센티미터
- 알의 개수는 400~800여 개

올챙이 2~4월

- 몸통은 타원형, 회색빛을 띤 갈색과 누런 갈색의 개체가 있음
- 북방산개구리 올챙이와 비슷하지만 크기가 더 작고, 꼬리가 머리보다 두 배가량 긺 ▶ **28쪽**

수컷 성체 1~10월

암컷 성체 1~10월

계곡산개구리

알 4~5월

- 점성이 높아 포도송이처럼 탱글탱글함
- 낙엽이나 돌에 붙어 있음 ▶ **36쪽**

올챙이 5~7월

- 몸통은 달걀형, 검은 갈색을 띰
- 머리에 까만 점과 노란 점이 흩어져 있음
- 꼬리에 노란색 반점이 뚜렷하게 보임 ▶ **36쪽**

수컷 성체 3~10월

암컷 성체 3~10월

두꺼비

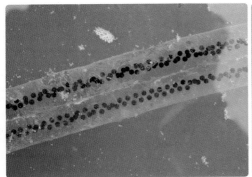

알 3~4월

- 알주머니를 두 줄로 낳음
- 알주머니 속에 까만 알이 불규칙하게 배열 ▶ **46쪽**

올챙이 4~5월

- 다른 개구리 올챙이보다 몸통 색깔이 매우 짙음
- 까만 눈 뒤쪽에 작은 돌기가 두 개 있음 ▶ **47쪽**

수컷 성체 3~10월

암컷 성체 3~10월

물두꺼비

알 4~5월

- 알주머니를 한 줄로 낳음
- 알주머니 속에 긴 염주 같은 알이 한 줄로 규칙적으로 배열
  ▶ 58쪽

올챙이 5~6월

- 누런빛의 흰색을 띠는 눈
- 몸통 전체에 금색의 작은 점이 있음 ▶ 58쪽

수컷 성체 4~10월

암컷 성체 4~10월

참개구리

알 4~6월

- 푹 퍼진 상태로 물 위에 떠 있음
- 알 한 뭉치의 지름은 약 20센티미터

올챙이 5~7월

- 등에 녹색 또는 노란색 줄무늬가 머리부터 꼬리 앞까지 뚜렷하게 있음 ▶ 67쪽

수컷 성체 4~10월

암컷 성체 4~10월

청개구리

알 4~6월

– 작게 뭉쳐 있고, 물풀이나 나뭇가지에 붙어 있음

– 알의 위쪽은 갈색, 아래쪽은 흰색으로 구분됨 ▶ **77쪽**

올챙이 5~7월

– 몸통은 타원형, 머리 가장자리에 눈이 있음

– 누런 갈색을 띤 몸 전체에 검은색 점이 흩어져 있으며, 특히 꼬리에 많음 ▶ **77쪽**

수컷 성체 4~10월

암컷 성체 4~10월

수원청개구리

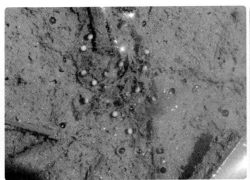

알 5~7월

- 점성이 약해 20여 개씩 물풀이나 나뭇가지에 붙어 있음
- 청개구리의 알보다 조금 작음
- 알의 위쪽은 검은색, 아래쪽은 흰색으로 구분됨

올챙이 5~7월

- 몸통은 타원형, 누런 갈색을 띰
- 머리 가장자리에 눈이 있고, 코가 위쪽에 있음

수컷 성체 4~10월

암컷 성체 4~10월

무당개구리

알 5~7월

- 물속의 물풀, 나뭇가지에 서너 개씩, 혹은 다섯 개에서 열네
  개씩 붙여 낳음

올챙이 5~7월

- 머리 앞쪽은 투명하고, 뒤쪽은 검은색 무늬가 있음
- 배가 투명해서 내장이 보임
- 꼬리에 얼룩무늬가 있음

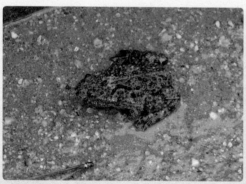

수컷 성체 4~10월

암컷 성체 4~10월

금개구리

알 5~7월

- 점성이 약하고, 20~30여 개씩 물풀이나 나뭇가지에 붙어 있음

올챙이 5~7월

- 눈은 머리의 가장자리에 있고, 배는 노란색을 띰
- 꼬리 양 옆에 선명한 금색 줄무늬가 있음

수컷 성체 4~10월

암컷 성체 4~10월

옴개구리

알 5~7월

- 700~2500여 개의 알을 낳음
- 점성이 약해 물속의 나뭇가지 등에 나누어 붙임 ▶112쪽

올챙이 1~2월, 5~12월

- 몸통은 타원형, 밝은 회색빛을 띰
- 머리와 꼬리에 검은 점이 뚜렷하게 보임
- 올챙이 상태로 겨울잠을 자기도 함

수컷 성체 4~10월

암컷 성체 4~10월

황소개구리

알 6~8월

- 6000~40000여 개의 알이 각각 덩어리져 있음
- 까만 알 한 개의 지름은 0.5~0.7센티미터

올챙이 1~3월, 6~12월

- 몸 크기가 5~10센티미터로 매우 큼
- 누런빛을 띤 갈색 등에 작은 검은색 점이 많이 있음
- 올챙이 상태로 겨울잠을 자기도 함

수컷 성체 4~10월

암컷 성체 4~10월

맹꽁이

알 6~8월

- 하나씩 떨어져 물 위로 퍼짐
- 각각의 알이 우무질에 싸여 있어 볼록 렌즈처럼 생김

▶128~129쪽

올챙이 6~8월

- 몸통은 타원형, 다른 올챙이보다 짙은 갈색을 띰
- 머리의 가장자리에 눈이 있으며, 이빨은 없음

▶125, 129쪽

수컷 성체 5~8월

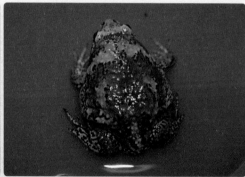

암컷 성체 5~8월

제주도롱뇽

알 1~3월

- 알주머니 하나에 30~70여 개의 알이 들어 있음
- 투명한 튜브처럼 생긴 알주머니를 두 덩어리씩 붙여 낳음
  ▶139쪽

위 암컷, 아래 수컷 성체 1~10월

도롱뇽

알 2~4월

- 알주머니 안에 까만 알이 50여 개 들어 있음
- 투명한 도넛 모양의 알주머니를 물풀, 나뭇가지, 돌 등에 붙임

▶151쪽

위 암컷, 아래 수컷 성체 2~10월

고리도롱뇽

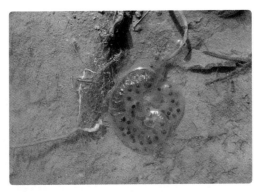

알 2~4월

- 투명한 알주머니를 두 덩이씩 낳음
- 도롱뇽 알, 제주도롱뇽 알과 매우 비슷하지만 크기가 조금 작음

▶158쪽

위 수컷, 아래 암컷 성체 2~10월

이끼도롱뇽

알 5~7월

- 서식지의 돌 밑에 붙여 낳음
- 알을 붙이는 자루의 길이는 약 2밀리미터
- 알의 지름은 약 5밀리미터이며 흰색 또는 노란색을 띰 ▶ 168쪽

위 수컷, 아래 암컷 성체 4~10월

꼬리치레도롱뇽

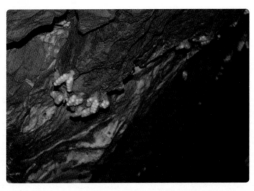

알 6~8월

- 서식지 물속의 돌 밑이나 석회암 동굴 속의 벽에 붙여 낳음
- 두 개의 망 속에 둥글고 하얀 알이 열 개쯤 들어 있음

수컷 성체 5~10월

암컷 성체 5~10월

참고 문헌

고영민, 2012, 「제주도산 북방산개구리의 생활사에 관한 연구」, 제주대학교 박사학위
논문

김종범·송재영, 2010, 『한국의 양서파충류』, 월드사이언스

김종범·이제호, 2002, 『우리 개구리』, 채우리

김찬곤, 1996, 「무당개구리(*Bombina orientalis*)의 음성학적 특성 및 짝짓기행동」, 한국
교원대학교 석사학위논문

라남용, 2010, 「멸종위기종인 금개구리(*Rana plancyi chosenica*)의 서식 특성, 증식 기술
및 복원 전략」, 강원대학교 박사학위논문

문광연, 1994, 「한국산 참개구리(*Rana nigromaculata*)의 음성학적 행동과 Mating Call」,
한국교원대학교 석사학위논문

문광연 외 7인, 2016, 『월평공원·갑천 생태도감』, 월간토마토

문광연·박대식, 2016, 「야외 서식지에 설치한 반자연식사육장 안에 산란한 이끼도롱뇽
(*Karsenia koreana*) 알의 보고」, 한국양서·파충류학회

박시룡·박대식, 2009, 『열려라! 양서류나라』, 지성사

손상호·이용욱, 2007, 『주머니 속 양서·파충류 도감』, 황소걸음

심재한, 2001, 『생명을 노래하는 개구리』, 다른세상

세르게이 쿠즈민 저, 박대식 역, 2006, 『아시아의 꼬리치례도롱뇽』, 한국학술정보(주)

유지혜, 2007, 「뼈나이결정법에 의한 참개구리(*Rana nigromaculata*)의 연령 측정과 음성 변이」, 한국교원대학교 석사학위논문

이정현, 2011, 「한국산 구렁이(*Elaphe schrenckii*)의 분류학적 위치, 서식지 이용 및 적합성 모형 개발」, 강원대학교 박사학위논문

이정현 외 2인, 2011, 『한국양서·파충류 생태도감』, 국립환경과학원

이정현·박대식, 2016, 『한국 양서류 생태 도감』, 자연과 생태

이주용 그림, 심재한 외 4인 감수, 2007, 『세밀화로 그린 양서파충류도감』, 보리

주영돈, 2010, 「한국고유종 이끼도롱뇽(양서강, 도롱뇽목, 미주도롱뇽과)의 해부학적 분류 형질 및 식이물 분석」, 인천대학교 석사학위논문

한상훈 외 3인, 2015, 『이야기야생동물도감』, (주)교학사

한상훈·김현태, 2010, 『한국의 개구리 소리』, 일공육사

사진을 제공해주신 분들

• 김현태 47쪽 두꺼비 수컷, 58쪽 물두꺼비 올챙이①, 88쪽 수원청개구리 올챙이,
            113쪽 옴개구리 수컷, 263쪽 두꺼비 올챙이

• 대전충남녹색연합 143쪽 걷기 좋은 월평공원의 풍경③

• 라남용 105쪽 금개구리 수컷의 앞발가락

• 서연심 75쪽 청개구리의 서식지⑤

• 이병연 238쪽 참개구리를 잡아먹는 유혈목이

• 이상철 222쪽 북도마뱀, 239쪽 대륙유혈목이, 258쪽 비바리뱀·실뱀

• 이정현 47쪽 두꺼비 올챙이①, 260쪽 북방산개구리 올챙이,
            261쪽 한국산개구리 올챙이, 262쪽 계곡산개구리 올챙이